U0249215

少年网络素养读本·第1辑  罗以澄 万亚伟 主编

网络谣言与真相

WANGLUO YAOYAN YU ZHENXIANG

林 婕 著

宁波出版社
NINGBO PUBLISHING HOUSE

《青少年网络素养读本·第1辑》编委会名单

总　序

互联网技术的快速发展和广泛运用为我们搭建了一个丰富多彩的网络世界，并深刻改变了现实社会。当今，网络媒介如空气一般存在于我们周围，不仅影响和左右着人们的思维方式与社会习性，还影响和左右着人际关系的建构与维护。作为一出生就与网络媒介有着亲密接触的一代，青少年自然是网络化生活的主体。中国互联网络信息中心发布的第40次《中国互联网络发展状况统计报告》显示，我国网民以10—39岁的群体为主，他们占整体网民的72.1%，其中，10—19岁占19.4%，20—29岁的网民占比最高，达29.7%。可以说，青少年是网络媒介最主要的使用者和消费者，也是最易受网络媒介影响的群体。

人类社会的发展离不开一代又一代新技术的创造，而人类又时常为这些新技术及其衍生物所控制，乃至奴役。如果不能正确对待和科学使用这些新技术及其衍生物，势必受其负面影响，产生不良后果。尤其是青少年，受年龄、阅历和认知能力、判断能力等方面局限，若得不到有效的指导和引导，容易在新技术及其衍生物面前迷失自我，迷失前行的方向。君不见，在传播技术加速迭代的趋势下，海量信息的传播环境中，一些青少年识别不了信息传播中的真与假、美与丑、善与恶，以致是非观念模糊、道德意识下降，甚至抵御不住淫秽、色情、暴力内容的诱惑。君不见，在充满魔幻色彩的网络世界里，一些青少年沉溺于虚拟空间而离群索居，以致心理素质脆弱、人际情感疏远、社会责任缺失；还有一些青少年患上了“网络成瘾症”，“低头族”“鼠标手”成为其代名词。

2016 年 4 月 19 日，习近平总书记在网络安全和信息化工作座谈会上指出：“网络空间是亿万民众共同的精神家园。网络空间天朗气清、生态良好，符合人民利益。网络空间乌烟瘴气、生态恶化，不符合人民利益……我们要本着对社会负责、对人民负责的态度，依法加强网络空间治理，加强网络内容建设，做强网上正面宣传，培育积极健康、向上向善的网络文化，用社会主义核心价值观和人类优秀文明成果滋养人心、滋养社会，做到正能量充沛、主旋律高昂，为广大网民特别是青少年营造一个风清气正的网络空间。”网络空间的“风清气正”，一方面依赖政府和社会的共同努力，另一方面离不开广大网民特别是青少年的网络媒介素养的提升。“少年智则国智，少年强则国强。”青少年代表着国家的未来和民族的希望，其智识生活构成要素之一的网络媒介素养，不仅是当下各界人士普遍关注的一个显性话题，也是中国社会发展中急需探寻并破解的一个重大课题。

网络媒介素养既包括对媒介信息的理解能力、批判能力，又包括对网络媒介的正确认知与合理使用的能力。为此,我们组织编写了这套《青少年网络素养读本》,第一辑包含由六个不同主题构成的六本书,分别是《网络谣言与真相》《虚拟社会与角色扮演》《网络游戏与网络沉迷》《黑客与网络安全》《互联网与未来媒体》《地球村与低头族》,旨在帮助青少年读者看清网络媒介的不同面相,从而正确理解和使用网络媒介及其信息。为适合青少年读者的阅读习惯,每本书的篇幅为15万字左右,解读了大量案例,并配有精美的图片和漫画,以使阅读与思考变得生动、有趣。

这套丛书是集体才智的结晶。编写者分别来自武汉大学、郑州大学、湖南科技大学、广西师范学院、东莞理工学院等高等院校,六位主笔都是具有博士学位的教授、副教授,有着多年的教学与科研经验;其中几位还曾是媒介的领军人物,有着丰富的媒介工作经验。编写过程中,他们秉持知识性、趣味性、启发性、开放性的原则,不仅带领各自的学生反复谋划、研讨话题,一道收集资料、撰写文本,还多次深入社会实践,倾听青少年的呼声与诉求,调动青少年一起来分析自己接触与使用网络的行为,一起来寻找网络化生存的限度与边界。因此,从这个层面上说,这套丛书也是他们与青少年共同完成的。还需要指出的是,六位主笔的孩子均处在青少年时期,与大多数家长一样,他们对如何引导自己的孩子成为一个文明的、负责任的网民,有过困惑,有过忧虑,有过观察,有过思考。这次,他们又深入交流、切磋,他们的生活经验成为本丛书编写过程中的另一面镜子。

作为这套丛书的主编之一，我向辛勤付出的各位主笔及参与者致以敬意。同时，也向中共宁波市委宣传部和宁波出版社的领导、向这套丛书的责任编辑表达由衷的感谢。正是由于他们的鼎力支持与悉心指导、帮助，这套丛书才得以迅速地与诸位见面。青少年网络媒介素养教育任重而道远，我期待着，这套丛书能够给广大青少年以及关心青少年成长的人们带来有益的思考与启迪，让我们为提升青少年的网络媒介素养共同出谋划策，为青少年的健康成长共同营造良好氛围。

是为序。

罗以澄

2017年10月于武汉大学珞珈山

目　录

第三章　谣言是怎么传播的

第四章 谣言的社会危害

第五章　如何识别谣言

第六章　积极辟谣　澄清真相

第一章 谣言和网络谣言

主题导航

1. 谣言和网络谣言的定义
2. 谣言和网络谣言的特征

信息的传播是一种社会力量。《论语》中就有一言而兴邦，一言而丧邦的说法，指出信息的传播会影响社会与国家的安定与发展。古今中外，谣言与真相是一对永恒纠葛的命题。谣言总是用一种或恐怖或温情，或新奇或激愤的表现形式挑动着人们的情绪。网络时代中，信息传播的成本进一步降低，人人都可以随时随地参与信息传播，谣言与真相的交锋也就越来越常见。

第一节 谣言和网络谣言的定义

你知道吗？

中国互联网络信息中心(CNNIC)2017年8月发布的第40次《中国互联网络发展状况统计报告》称：截至2017年6月，中国网民规模达到7.51亿，占全球网民总数的1/5；互联网普及率达到54.3%，高于全球平均水平4.6%；手机网民规模达7.24亿，占网民总数的96.3%，移动互联网主导地位强化。网络已经涉及我们生活的方方面面，线上线下的界线日益模糊，现实与虚拟的膈膜日渐消除。

一、谣言的定义

1. "谣言"一词的释义演变

我们常常听到"造谣生事""散布谣言"的说法，"谣言"到底是什么呢？

"谣言"一词在中国文献中最早出现于《后汉书》，当时指的是歌颂、颂赞。如《后汉书·杜诗传赞》中说："诗守南楚，民作谣言。”这里的“谣”便是用歌谣称颂的意思。汉代“谣言”的意义，并不完全是我们今天所说的“散布谣言”中“凭空捏造的、虚假的信息”的意思，它指的是民间流行的歌谣。《毛诗故训传》中有“曲合乐曰歌，徒歌曰谣”，说的是：有韵律的语言中，配上乐器曲调吟唱的是歌，没有配乐曲调的就是谣。

“谣”的这种释义现在依然存在，例如歌谣、民谣。这种“谣”在形式上保持押韵或对仗格式，语言简单明快，通俗易懂，朗朗上口，所以易于口耳相传。而在内容上，大多数歌谣、民谣反映的是人民生活的哲理，有时候也体现当时民众的心声与渴求，甚至作为知识或技艺普及的传播工具，如农业谣谚等。因此，这些“谣”在受到民间重视的同时也往往为官府所重视，“以谣谚行教化”（用歌谣、谚语自上而下地教育人民，演化风俗）是古代官府编注谣谚的目的之一，这也是“谣”能够世代流传的重要原因。

“谣言”同时有诋毁、诽谤的意思。《后汉书·刘焉传》中说：“在政烦忧，谣言远闻。”意指益州刺史郗俭施政搅扰百姓，关于他的坏话传得很远。《后汉书·蔡邕列传》中所说的东汉“三公谣言奏事”制度中，“谣言”同时具有颂赞和诽谤之意。御史们可以根据传闻进行举报，不必拿出真凭实据，也不用署名。

随着历史和社会的发展，“谣言”的释义渐渐发生变化，越来越倾向于“虚假信息”“小道消息”。在《汉语大词典》中，“谣言”的定义是：没有事实根据的传言。例如，《红楼梦》第一一七回：“今早听见一个谣言，说是咱们家又闹出事来了。”曹

谣言常常装扮成真相

禺《日出》第二幕："我怕不大好。外面有谣言，市面很紧。"在中国的法律中，谣言被视为虚假不实的信息。2015年开始实施的《中华人民共和国刑法修正案（九）》第二百九十一条中规定：编造虚假的险情、疫情、灾情、警情，在信息网络或者其他媒体上传播，或者明知是上述虚假信息，故意在信息网络或者其他媒体上传播，严重扰乱社会秩序的，处三年以下有期徒刑、拘役或者管制；造成严重后果的，处三年以上七年以下有期徒刑。可见，在这里，"谣言"是缺乏事实依据、凭空编造的假消息，也就是我们说的"造谣""传谣"的由来。由此可见，当今，不管从道德层面还是从法律层面来看，"谣言"都是个贬义词。近年来，政府通过立法等措施加强了对谣言的打击力度，公安机关集中打击利用网络制造和传播谣言的行为，并认为制造和传播谣言是一种违法行为。

2. 谣言是舆论的一种畸变形态

不过，根据长期对谣言的观察，我们发现，谣言并非都是假消息，学者们对于谣言的定义有多种不同看法。

《韦伯斯特英文大字典》将谣言定义为"一种缺乏真实根据，或未经证实、公众一时难以辨别真伪的闲话、传闻或舆论"。美国学者彼得森和吉斯特将谣言定义为"在人们之间私下流传的，对公众感兴趣的事物、事件或问题的未经证实的阐述或诠释"。美国心理学家高尔顿·乌伊拉德·奥尔波特认为谣言是"缺乏具体资料以证实其确切性的、与当时事件相关的命题"。心理学家荣格更强调集体无意识，将谣言定义为"潜意识的表征"。这些定义并不认为谣言一定是捏造的虚假信息，它们只是未经证实的消息。“谣言”并不是一个承担道德批判的贬义词，而是社会舆论的一种。这些学者们认为谣言是与当时当地某些事件相关连的命题，它一般是以口耳相传的方式在人们之间流传，而且缺乏具体的资料以证实其真实性和准确性。美国心理学家罗伯特·纳普也认为谣言是种“与当前时事有关，目的在于让人相信的宣告”，而且通常在未经官方证实的情况下广为流传。美国学者涩谷保则将谣言视为一种个人在群体中交换意见、解释讨论以及预测事件未来的集体行为。涩谷保认为谣言是众人讨论过程中所得出的即兴新闻，而且谣言内容的演变并不是记忆失真，而是在整个传播过程中的演变与添油加醋的“滚雪球效果”，有时还会自己“发明事实”。我国新闻传播学学者陈力丹提出，这类谣言用流言来表述更妥帖，流言是公众应付社会生活的一种应激状态，是公众解决疑难问题的不得已形式。

我们可以发现，这几位学者对于谣言的定义相当接近，他们首先都确认，谣言是一种讯息：它赋予与现实有关的某人或某事一些新的内容。在这一点上，谣言与传说不同，传说只与过去的某桩事实有关。其次，几种定义都认为，谣言是为了使人相信。人们一般不会仅仅为了使人高兴、恐惧或使人产生梦想去传播谣言，在这个方面，谣言竭力使人信服。从这里我们可以看出谣言与滑稽故事或童话的区别。第三，这些学者定义下的谣言并不都是“错误的讯息”或者“虚假信息”，而是“未经证实的讯息”。

我们从以上各个视角对谣言进行考察,可以发现:心理学研究更关注心理平衡,也就是谣言传播的自然属性;社会学家则侧重于研究以社会真实为基础的谣言传播,谣言作为一种社会现象,具有相对独立于官方消息的特性;新闻传播学领域则将谣言看作舆论的一种畸形变形形态。

所以,我们将谣言定义为:在公众中流传的,未经证实的传言或舆论。它是公众集体意识的结果,也是公众参与社会事务的一种方式。

二、网络谣言的定义

在互联网普及后,网络成为谣言的高发地。一般认为,网络谣言是指在网络这一特定环境下,网络使用者用特定的方式传播的,对网民感兴趣的事件、事物或问题的未经证实的阐述或诠释。

有学者认为,网络谣言可定义为在网上生成或发布并传播的未经证实的特定信息。

也有学者认为,网络谣言是指通过网络介质(例如邮箱、聊天软件、社交网站、网络论坛等)传播的没有事实依据的话语,主要涉及突发事件、公共领域、名人要员、颠覆传统、离经叛道等内容。

2013 年 4 月,国家互联网信息办公室与有关部门开始打击“利用互联网造谣传谣的活动”,这里所说的谣言就是指诞生于互联网,或在互联网上传播的谣言。同传统谣言相比,网络谣言的传播速度更快、传播范围更广,它的出现严重影响了正常的社会秩序。

2013年9月发布的《最高人民法院、最高人民检察院关于办理利用信息网络实施诽谤等刑事案件适用法律若干问题的解释》,对利用信息网络实施诽谤等相关犯罪进行了定罪量刑的界定,其中特别厘清了在信息网络上发表言论的法律边界,比如在信息网络上散布或指使、组织他人散布虚假消息,或对他人进行诽谤,或严重危害社会秩序和国家利益,或实施敲诈勒索、非法经营"发帖""删帖"业务,均需受到依法处罚。

第二节 谣言和网络谣言的特征

你知道吗?

生活中我们时时刻刻都在与谣言打交道。荷兰阿姆斯特丹大学一个研究小组对1000多人展开限时测谎实验,结果显示,平均下来一个人每天要说2.18个谎;6岁到8岁之间的孩子最少说谎;9岁到12岁的孩子中,有43%一天会说1到5个谎;最喜欢说谎的人群则是13至17岁的孩子,有大约60%每天会说1到5个谎。

一、谣言的分类与特征

谣言涉及我们生活的方方面面，如果要给它们做个分类，按照内容特征，谣言可以分为政治谣言、军事谣言、社会生活谣言、名人谣言、自然现象谣言和境外谣言；按照谣言投射出来的心理，可以分为愿景型谣言、敌意型谣言、恐怖型谣言和迎合型谣言。

1. 按内容特征分类

（1）政治谣言

涉及政治稳定、官员形象，暗示社会“不公”。

· 国家事务类谣言

【谣言】2016 年 11 月，美国一新闻网站 MotherJones 报道称，有情报人员向美国联邦调查局（FBI）透露了一项重要信息：特朗普已经被俄罗斯间谍秘密培养、辅助了至少五年。此外，特朗普身边就有俄罗斯间谍。这篇报道称，FBI 得知这一情报后感到“十分震惊”。按照该网站报道的“身边人”，人们自然就联想到特朗普的妻子。消息传开后，好奇的网友开始人肉深扒梅兰妮亚的身世和社交状况，力图证明她的“问题”。首先，梅兰妮亚来自斯洛文尼亚，她的父亲还被网友扒出是一名“共产党员”。其次，梅兰妮亚被指在竞选期间几乎很少在其推特上为自己的老公摇旗呐喊，反而非常低调。特朗普胜选后，梅兰妮亚也表示因孩子的教育，暂时不会搬到白宫居住。同时，另一位总统候选人希拉里则称，普京支持特朗普是因为他想要一个“傀儡”当上美国总统。

【真相】FBI 并未查出梅兰妮亚与俄罗斯有任何关系。

·政策法规类谣言

此类谣言多打着友情提示某政策或法规将要实施的幌子，编造“事实”。

【谣言】我国跨境电子商务零售进口税收新政于 2016 年 4 月 8 日起实施。网上流传“4 月 8 日起个人出境购物没有免税额度，买 1 元的东西也要缴税”。

【真相】海关辟谣称，新政面向的只是跨境电商，个人出境购物免税额度没有变化。目前，进境居民旅客在境外获取的个人自用、合理数量进境物品总值在 5000 元以内的，海关予以免税放行。

（2）军事谣言

【谣言】2016 年 10 月 5 日，非政府组织“冲突中的平民中心”发文指责中国维和人员在当年 7 月南苏丹朱巴冲突中，一度弃岗逃跑，导致部分武器弹药丢失。国内某些媒体和微博账号以“中国维和部队如果真的弃甲而逃，那将是中华民族的悲哀”为题发帖，给中国维和部队扣上了“贪生怕死”“没有战斗力”等逃兵的帽子。

【真相】国防部回应：“报告对中国维和部队的指责根本不符合事实，纯属恶意炒作。”中国维和士兵李磊、杨树朋牺牲，5 人受伤。中国维和部队官兵坚守岗位，迅速组织增援，并在救助受伤官兵的同时继续执行联合国驻南苏丹特派团赋予的各项任务。2016 年 10 月 18 日，联合国驻南苏丹特派团隆重举行授勋仪式，向中国维和步兵营全体官兵授予维和勋章。

（3）社会生活谣言

这类谣言的数量最多，涉及社会生活各层面，关系各种社会常识，尤其以健康、安全类谣言最多。

· 健康类

【谣言】强冷空气将至，医生再次忠告50岁以上的爸爸妈妈们一定要记住，在睡眠时如果心脏病突发，剧烈胸疼足以把人从沉睡中痛醒，立刻口含复方丹参滴丸10粒，或者硝酸甘油片2片，或者阿司匹林3片（300mg）嚼服！接着立刻联络急救中心，然后坐在椅子或沙发上静候援助，千万别躺下！心脏科医师强调，每个看到这条微信的人，不要光点赞，请转发，至少有一条生命将会被抢救回来。

【真相】多个科普类网站已对此进行辟谣：心脏病不会选择年龄，更不会以50岁作为分界点；不能遇到胸疼就认定是心肌梗死，更不能用同样的方法来处理所有病人，药不对症贸然服用，将有可能加重病情；最后，相比于平躺，坚持坐着更加消耗体力，会使得心脏耗氧量增加，加剧病情。

· 食品安全类

【谣言】2017年3月，有一段视频在社交媒体上热传。视频中一位妇女将某品牌的紫菜放入水中泡发，随后捞起撕扯。泡发后的紫菜较有韧性，这个人因此判定紫菜是黑色塑料袋做的。类似的视频还不止一个，涉及多种食品，如粉丝、肉松等。

视频发出后几天，“紫菜是塑料做的，大家千万不要吃”这样的说法成了人们聊天的热门话题，公众对紫菜也避之不及，许多商场、超市的紫菜都纷纷下架。

【真相】一些地方的食药监部门来到超市、市场等对在售的紫菜进行多批次的抽样检查，并没有发现所谓的“塑料紫菜”，监管部门、专业机构等也都进行了辟谣。

涉及健康和安全的事情自然最令公众关心，网络谣言中“舌尖上的谣言”占45%，食品安全成为谣言的重灾区。

·社会治安类

【谣言】我们常常会在QQ或微信朋友圈里看到各种版本的类似信息：从某地来了100多个外地人，现已到了某地（太原、南宁、运城、沭阳、呼和浩特、湖口等等）附近，专来偷小孩抢小孩的，某地一带已经丢了20多个，解剖了7个小孩的胸部，拿走器官。凡是在街上遇到转来转去的陌生人，开面包车，收粮食的车，收旧家电的，带黑口罩的人，穿黑裤子的人，说不完整普通话的人，其中还有一些年轻妇女，若有问路，脚步千万别停下，不要搭理他们。收到的人都要转下，这是事实！让更多的人知道，转一次可能就能拯救几个孩子的生命。这是某中学老师发过来的，群多的都转一下！生命可贵！

【真相】各地警方相继辟谣。

（4）名人谣言

以名人为焦点，侮辱他人人格，肆意侵犯他人隐私权或名誉权。

【谣言】2016年7月5日晚,有网友在微博爆料称:“太久没爆料了,随便说一个吧。郑爽现在和高晓松在一起,应该是今年三四月份确定的恋爱关系。等有人拍到以后,欢迎随时来挖坟。”

【真相】高晓松第一时间微博澄清:“麻烦以后造谣炒作好歹找个我认识的人。我根本不认识郑爽,更没说过一句话。律师函已准备好,请赐地址以便发送。没别的渠道找到你,只好在这里了。见谅。”

郑爽工作室也迅速发布声明,直指该微博内容造谣,要求相关微博账号立刻删除不实言论。郑爽的工作人员凌晨在朋友圈和微博发表题为“对谣言说不”的长文,表明维权决心。12个小时内,相关微博内容已被证实为“不实信息”,发布该不实信息的营销大号已被禁言处理。

(5)自然现象谣言

这类谣言多半是提醒大家某地将发生地震、洪水等自然灾害,吸引点击率。

【谣言】2010年2月20日至21日,关于山西一些地区要发生地震的消息通过短信、网络等渠道疯狂传播。由于听信“地震”传言,山西太原、晋中、长治、晋城、吕梁、阳泉六地几十个县市数百万群众2月20日凌晨开始走上街头“躲避地震”,山西省地震局官网一度瘫痪。

【真相】21日上午,山西省地震局发出公告辟谣。山西省公安机关立即对谣言来源展开调查,后查明造谣者共5人。35岁

假的真不了，声音再大也白搭

山西省地震局公告

2010-02-21 06:07:53.0 来源：山西省地震局 作者：【大 中 小】

“近日有地震”的传言，请大家不要信传，保持正常生活、生产秩序，根据《地震预报管理条例》，只有省政府才能发布地震预报，其它任何单位、个人都无权发布。

（图片来源：山西省地震局官网公告截图）

的打工者李某某最先将道听途说的消息编写成“你好，21号下午6点以前有6级地震，注意”的手机短信发送传播，被晋中市公安局榆次区分局行政拘留7日。一名20岁的在校大学生傅某某在网上看到有关地震的帖文后，便在百度贴吧发布帖文《要命的进来》：“我爸的一个朋友，国家地震观测站的，也是打电话来，说震的概率很大！大约是90%的概率，愿大家好运！这绝对权威！”傅某某被行政拘留5日。在太原打工的韩某某出于玩笑，以“10086”名义发送“地震局公告：今晚8时太原要地震，请大家不要传阅，做好预防工作，尽量减少人员伤亡”的信息，被行政拘留10日。在北京打工的张某为了提高网上点击率，先后在百度贴吧等多处发布《最新山西地震消息》：“山西2010年2月21日地震消息，据官方报道，山西吕梁地区死亡36人，伤亡人数正在统计中。晋中、太原、大同等地未来72小时可能发生不下30次余震，余震范围包括山西晋中及晋南地区、山东西部、河南北部，大家及时防范。”张某被行政拘留10日并处罚款500元。24岁的工人朱某某为了起哄，在百度贴吧发帖称“山西太原、左权、晋中、大同、长治地震死亡100万人”，被行政拘留10日并处罚款500元。

（6）境外谣言

【谣言】注意！ 苹果7已经问世，可悲的是美国的苹果7手机自带的地图里面，把钓鱼岛划给了日本，请大家相互转告，不要再买苹果7的智能手机，不要做错事，让美国人耻笑我们中国人。 大家注意！我是亚健康研究会长张庆坤，我为了感谢广大微信用户，只要把这个消息连发五个群，你就会获得100块钱。好多人都试过了，真的有100块钱。反正也没什么坏处，发完10秒钟，看看你的头像 。

【真相】这则谣言从苹果4到苹果7，虚假内容一直未改变。苹果系统自带地图内容并不会因为手机升级而改变，不论是苹果7还是未来的苹果N，地图上各国确定的领土基本不会发生根本性变化。

此类谣言多打着爱国的旗号，利用受众的民族自尊心，进行“不转不是中国人”式的道德绑架。

2. 按情绪分类

（1）愿景型谣言

这类谣言来自某些令人震惊或是引人注目的事件，人们会从自身立场去试图解释事件的成因，以求得内心的“满意”。

【谣言】2013年3月24号的《中华工商时报》记者周勇刚最早报道了天然气将涨价的新闻，并指明了时间和涨幅，“从4月份起，我国天然气价格将进行大幅度上涨，其各地零售终端价格将达到3元每立方米至3.5元每立方米区位，进而逼近4元大关”。

消息发出后，“下月起中国天然气价格将大幅上涨”的新闻开始充斥各大网站。

西安、哈尔滨、兰州等地出现市民排队集中抢购天然气的现象，有彻夜排队的，有挤破门的，甚至有报道说，四川雅安的一位商户一次性存了2000立方米天然气。

【真相】26日，山东省住房和城乡建设厅燃气办在回应齐鲁网记者采访时回答：目前我省还未接到任何调价的通知。26日晚，陕西省物价局在微博及官方网站正式辟谣。27日，国家发展和改革委员会价格司正式对传言表态，“天然气价格将大幅上涨”的消息完全不实。山东、江西等省以及太原、成都等地物价部门也相继表态否认相关传言。

这类谣言反映了人们对生活必需品价格的担忧，试图用一个确切的涨价时间和涨幅来“满足”自己对物价的猜测。

除了这种对“坏消息”的愿景，网上盛传的“钱币之月”谣言就是娱乐性愿景了。

【谣言】2010年10月开始，网络上开始出现“钱币之月”说法，并在QQ上疯传：

2010年的10月份是个不寻常的月份，这个月份中有5个星期五,5个星期六,5个星期日,这种情况需要823年后才能再次出现,这种月份被认为是“钱币之月”。如果把这个消息发送给8位好朋友,4天以后就会有钱币上的收获,这是风水学上的理论,如果不去发送将会丢失成功的机会。

【真相】其实我们简单推算一下就能知道,31天的月份中有4个星期零3天(5个星期X)。如果这个月的第一天是星期五,那么多出来的3天就会是星期五、六、日。而每个月的第一日在星期中是均匀分布的。那么,这个所谓823年一遇的奇观实际上平均7年就会出现一次。

(2)敌意型谣言

这一类型的谣言是有人蓄意利用某些事件,甚至无中生有,挑拨大众,以达成某些挑拨离间、煽动民众不满、鼓动骚乱的目的,也就是造谣生事。

【谣言】曾经有人在微博上疯传张海迪并不是政府和媒体宣传的残疾人,而是有意树立的“假励志”典型,并且以张海迪在公共场合跷二郎腿的照片作证。

【真相】对此,张海迪回应说:很多人都奇怪我为什么要这样坐着,而且好像总是这么一个姿势。其实我只要坐在轮椅上就必须用这种姿势,这是经过很多年与脊椎侧弯抗争找到的方法。我希望脊髓损伤的朋友都能找到适合自己的坐姿。假如我双腿垂下坐着,身体就会前倾,而这样就可以分散脊柱力量,身体会自然向后依靠,于是就能长时间坐着了。

【谣言】紧接着微博上又有传言质疑称“张海迪是德国人”,声称张海迪已入德国籍。

【真相】经由张海迪亲自辟谣,公安机关提供证明,张海迪确为中国籍。

(3)恐怖型谣言

这类谣言通常是悲观或忧虑性的谣言。

【谣言】2005年,飓风卡特里娜袭击了美国新奥尔良,谣言和洪水一样淹没了这座城市。在极端焦虑不安的环境下,可怕的谣言四处滋长:洪水里有鲨鱼!恐怖分子在防洪堤里埋了炸弹!大圆顶体育馆里到处是成堆的死尸和被残害的婴儿尸体!美国多家全国性的媒体将这一谣言当成事实播报了出去。听信了错误消息的市长雷·纳金还告诉记者奥普拉·温弗瑞说有“上百个武装的黑社会人员”在大圆顶里肆意奸淫杀戮。

【真相】但是飓风危机稍缓和后,调查人员发现几乎所有广为传播的流言都是不实的。联邦应急管理局(FEMA)的医生们甚至开着一辆18轮的大型冷冻运尸车赶至大圆顶,准备运走传说中成百上千的尸首。结果他们只找到了6具尸体,而且没有一人是他杀致死的。

这些荒唐的恐怖故事来源于人们对灾难事件来临时人身安全得不到保障的恐惧。人们散播这类谣言主要是想把那些吓人而又不确定的情况搞清楚。

(4)迎合型谣言

这类谣言迎合人们的偏见或善意期望，没有什么信息来源依据，容易被轻信或被转发。

【谣言】微信朋友圈、微博陆续流传："一定告诉您孩子：在外面，找不到爸妈的时候，不要慌乱，上任意一辆公交车坐下，告诉驾驶员我找不到家人了，驾驶员会联系你的家人的。5月1日起，全国公交正式成为中国失联儿童安全守护点！公交车就是失散儿童守护人！只要孩子上了公交车，即便暂时与家长失去联系，孩子也不会被拐卖或出现意外！请接力，善念扩散。"类似的谣言有多个版本，例如"全国银行网点""链家全国6000家门店""顺丰全国38万员工"等成为中国失联儿童安全守护点。在时间上，有5月1日起、5月25日起、7月1日起等。该网络谣言引发网民大量转发。

【真相】各地公交集团、银监部门、顺丰快递公司等分别对公交车、中国银行营业点、快递门店成为失联儿童守护站的说法进行了辟谣，各地警方同时辟谣并提醒广大网民，如有儿童走失应第一时间报警，以免影响案件侦办。

根据我们的观察与分析，谣言具有以下主要特征：

①谣言所涉事件的普遍性

世界上每天发生和传播的信息千千万万，不是所有信息都会引发公众的关注。大部分谣言之所以会引发公众热议，往往是因为谣言所涉及的事物与公众的切身利益息息相关，并在我们身边普遍存在，可能影响我们每一个人。所以，谣言的制造者和传播者为了使谣言尽可能广泛地传播，编造谣言时一般都从普遍存在的事物入手，使其与尽可能多的人利益相关。例如用微波炉致癌，睡眠不足短命，指甲上的月牙是身体健康状况晴雨表等等。微波炉、睡眠、指甲几乎与每个人都息息相关，容易获得公众普遍关注。

②谣言所涉事件的严重性

谣言涉及的事件如果后果不够严重，发展不够劲爆，卷入的人员和机构不够有名，就不足以吸引民众眼球，不能让人们意识到危害的紧迫性，也就不能使谣言广泛传播。因此，谣言的制造者和传播者会有意无意地夸大事件后果，渲染事件冲突。如男人喝多了豆浆会导致雌性激素增多、男性特征消失，可乐可以杀精等。

③谣言所涉事件的模糊性

信息越模糊，人们越无法从权威处获取真相，或者根据自身的经验判断真伪，谣言传播的可能性就越大。

常见的谣言往往信息来源不明。很多谣言无署名，或者引用的信息没有根据。没有确切可以查证的信息来源，就意味着没有人需要为信息的准确性负责，公众也很难通过信息来源查证信息的准确性。比如信息来源为某大学教授、某知名人士、某专家、某国外研究机构等。

关于科学知识的一些谣言往往缺乏具体的数据信息，夸大某类危害性。

民间广泛流传的食物相克说法就属于这类。如:果汁和海鲜同吃会中毒。因为海鲜往往被污染,其中富集了一些砷(五价砷,毒性较小),果汁中富含的维生素 C 能够把五价砷还原成三价砷,也就是砒霜(三氧化二砷),毒性急剧上升,引起中毒。这是真的吗?

真相是:谈论食物中毒而不给出具体摄入剂量是这类谣言的普遍特征。维生素 C 能够把五价砷还原成三价砷,产生剧毒。但是不能据此断定“果汁和海鲜同吃会中毒”,因为这还涉及海鲜和维生素 C 的摄入量问题。一般认为,60 毫克的砒霜是危险剂量,摄入 100～200 毫克的砒霜才有致命危险。要达到中毒甚至死亡,一次必须吃 15 千克虾才能达到最小中毒量,吃 150 千克虾才能达到最小致死量。

二、网络谣言的传播特点

2013 年,中国社会科学院舆情调查实验室,对关于整治网络谣言舆情进行了调查。调查发现,公众接触网络谣言的主要渠道排前三位的是网络论坛(70.2%)、微博(63%)和 QQ 聊天(45.2%),其后是微信(35.8%)、人人网等社交网络(33.8%)、手机短信（33.8%）、海外网络（13%）。[1] 由此可见，互联网已成为谣言传播最主要的平台和渠道。

1. 传播速度快，裂变式扩散，造成信息爆炸

在传统媒体时代，谣言从传播到形成规模需要经过较长时间。在网络媒体环境下，信息即时传播，瞬间可以跨越全球，谣言在几天甚至几个小时内就可以达到高潮。

现今，大多数网站或平台发布新闻的过程是寻找新闻源、复制新闻信息、简单编辑等几个步骤，甚至直接复制粘贴其他网站消息，在极短的时间内，新闻便在网上发布呈现并扩散，立即形成舆论热点。

网络中的信息传播速度不是缓慢的人际传播和单一线性的传统媒体传播可以比拟的。网络的信息传播是裂变式的传播，其快捷的传播速度让人们在试图验证信息真实与否之前就已经被卷入到信息的洪流之中了，人们被迫或在无意识中成为谣言的传播者。

我们以微博为例。微博通过粉丝关注实现一级传播，再通过粉丝的粉丝实现二级传播、三级传播，进而发展到自动传播……从而使得信息实现裂变式扩散。比如，账号 @A 在发布一条微博后，他的粉丝马上就会收到这条博文。粉丝如果对此微博感兴趣，就会转发、评论、点赞。粉丝的粉丝也就会在自己的微博首页

[1] 中国社会科学院中国特色社会主义理论体系研究中心 . 合力构建聚民心尚理性的网络舆论空间 [N]. 人民日报，2013-11-14（14）.

上看到这则微博,再继续转发、评论、点赞。继续下去,该微博就得到了无限极的扩散,从而实现裂变式传播。因此,微博上的各种信息很容易以几何倍数的速度传播开来。这种裂变式传播链条的关系网并不像传统媒体那样只靠媒体进行单一线性的传播,而是一种类似网状的关系网。在这个关系网中,每个人都是一个节点,而每个节点又有自己的另一个网状关系网。微博的这种传播特性,让任何人都可以参与到对信息的转发、评论之中。同时,微博与其他网络媒体一样,缺乏把关人,技术上也无法把关。所以,在只能靠微博用户自我把关的情况下,如果粉丝偏信博主,在转发、评论时就很容易忽略该微博信息的真实性。当遇到突发事件或重大公共事件时,如果官方的可信说法迟迟不出现,大众就会信谣传谣。微博中的谣言在发布后,被微博用户迅速转发、评论,从而实现谣言的裂变式扩散,飞速形成舆论事件。

同时,网络信息的海量传播和爆炸性扩散是网络传播的显著特点。随着新的传播技术的发展,无限扩展的海量信息蜂拥至网友面前,让网友很容易被琐碎、无关紧要的信息洪流淹没,反而难以把握事件或新闻报道的主要方面。

高速、即时的新闻报道无疑可以促成使用者的多通道信息传播,让使用者可以按照自身的信息需要进行主动选择,接受多种来源的信息和各种不同倾向的意见。但这种多通道的信息传播,往往也会造成不同通道之间的相互干扰,影响使用者对信息准确性的把握。具体表现为阅读的随意跳转、无序性、不确定性导致的信息获取的非连贯性和碎片化。网友常常会被冗杂的琐碎信息转移关注重点，错过对整体事件的了解，更容易忽略事件的前因后果，更加主观地解读事件本身，从而削弱客观性认知。

2. 网络信息的互动性强，信息容易引发共鸣

在传统媒体时代，作为受众的我们只能被动地接受由专业的新闻媒体和新闻工作者过滤、采访、加工、编辑好的新闻。网络中的信息传播不再掌控在专业新闻媒体或新闻工作者手中，几乎所有加入了互联网的人都可以自由地传播和获取信息，将自己了解的情况告诉给其他网友，并从其他网友那里获取自己需要的信息。

网络传播最重要的一大特征是交互性。网友们通过论坛、贴吧、微博、微信、QQ 等社交媒体，发布信息，交换意见，争论意见，跟进事件进展。这种传播方式突破了传统媒体的单向传播模式，在传播过程中形成了交流各方的即时反馈与互动模式。

3. 网络的开放性和匿名性提高了信息来源查证成本

首先，网络信息是开放自由的，任何人都可以在网上制造、散布、扭曲信息。网络传播的开放性导致原本在传统媒体中起到信息过滤与核实功能的职业记者、编辑等“把关人”的作用减弱。网友对网络谣言反复渲染，不断补充、解释，并使之看起来更合理和越来越具有逻辑性。这种集体的自由讨论共同推动了网络谣言的流传。即使在这个过程中有些人会对谣言本身提出质疑甚至否定，但是由于相信和传播谣言的群体过于庞大，这些否定的声音很容易被淹没在谣言传播者“宁愿信其有，不愿信其无”的

想法之中,从而造成谣言迅速形成网络舆论。正如德国学者诺依曼在他的“沉默的螺旋”理论中指明的那样,“已有的多数人的舆论会对少数人意见形成无形的压力,一方公开疾呼而另一方越发沉默的螺旋式过程,于是更为强大的舆论得以形成”。

其次,新媒体环境下,人们在上网发布信息时,多使用匿名或昵称,将自己的真实身份隐匿在电脑后。这使得人们很容易抛开现实中说话时需要遵守的道德和承担的责任,随意转发未经确认的信息,甚至故意、恶意地制造和散布虚假信息、恶意性谣言。

在现实社会中,因为法律和道德的约束,我们内在的“本能冲动”和欲望不可能被完全释放出来。但网络传播技术为网民提供了“隐身”的机会。在由互联网搭建的赛伯空间(cyberspace)里,网络技术为我们虚拟了一个“网络自我”,这个虚拟的“网络自我”没有来自现实舆论环境的压力,容易漠视道德担当和责任。甚至有人为了获得关注,故意攻击他人或找茬。这种权利与责任的不平衡状态使得一些网民丧失社会责任感和自我约束,加入造谣传谣的大军。

再次,网络媒体面对每天海量的信息源,选择报道哪些不报道哪些,推送哪些不推送哪些,往往仅依靠编辑个人的业务素质、新闻敏感性、编辑能力,甚至是主观喜好。并且,网络媒体在对热门新闻的转载、评论等二次传播中,还存在稿件来源标注不明、随意更改标题,甚至根据主观判断对稿件进行再加工、再解读等情况。这样一来,我们要寻找虚假新闻的最初源头就更加困难了。虚假新闻一旦在网络上发布,其传播几乎就是失控的,即便立即被删除,也可能早已被其他网络媒体和平台转载,后续的辟谣和澄清也难以完全消除其所造成的影响。Facebook（脸书）创始人兼首席执行官扎克伯格对外宣布,2018 年将会聘请 3000 名员工处理网站上的不良内容,还会加大力度删除涉及仇恨的词汇,包含谋杀、自杀和其他暴力行为,以及其他会对儿童造成不良影响的视频。扎克伯格表示, Facebook 现在已经有 4500 名员工评估帖子,看这些帖子是否违反服务条款,新招募的 3000 人将会让评估团队更加壮大。然而《麻省理工科技评论》认为,由于直播等新型视频扩散手段的出现,人力终究还是难以完成这一信息核实与谣言预防工作。

4. 多媒体技术增强网络谣言的伪装性

网络谣言图文并茂,并且会在网络上长期留存,甚至反复回放。

在网络上,我们更愿意相信哪则新闻是真的呢？在网络时代,世界各地任何一个地区所发生的事情,都可能通过网络在瞬间被传播,“听说”“目击”或“经历”了某个地方的某个事件,很容易使人们产生对现场感的认同。当新闻信息的传播者在新闻发生时就在事发现场,用文字、声音、图片、视频等方式,对事件的发展进行直播,那么,这种信息一定是可靠的吧？相较于传统媒体的事后复原、后期调查取证,网络媒体的现场报道,传播者即当事人或目击者,显然更容易让人相信。

我们使用智能手机,可以随时随地拍照和录像,形成新闻图像和视频,并立刻上传到网上。这种“有图有真相”的信息无疑更具迷惑性。但事实真的如此吗？日本福岛核电站事故后，中国出现盐可以防辐射的谣言，各地相继出现“抢盐”风波。这些谣言配以微博和微信上市民排长队抢盐的照片、视频，无疑增强了可信度，让更多不明真相的群众加入到抢盐大军中。

另外，虽然网络新闻可以用多媒体手段呈现新闻事实的真实面目，但PS技术可以使人们的造假变得异常容易。在网络上，不仅文字内容造假易如反掌，就连图片、视频的造假也是轻而易举的。

在以色列空军对黎巴嫩首都贝鲁特进行轰炸后，路透社刊登了其签约摄影师哈吉的一张照片（右图）。照片中贝鲁特郊区遭到轰炸，密集的建筑上空冒出浓厚的黑烟。但一位读者发现，哈吉是用Photoshop软件中的“复制”功能将一股浓烟复制成了两股，希望令外界更同情黎巴嫩。哈吉还把黑烟中的建筑物也复制了一番。路透社随后解除了与哈吉的合同。

同时，网络具有信息存储功能，我们将看上去在现场的图片或视频发到网上，就可以得到“在场的”认同，使得信息的接收者更加容易相信“在场者所提供的信息是真实的”。另外，当网络上越来越多的人参与这个话题的讨论，无论他们是转发、点赞还是

质疑、认同,都会将这个话题推上热搜,使之成为舆论热点,获得进一步的扩散。

5. 网络谣言传播的参与人群更加多元化

不同地域、性别、价值取向、社会地位、受教育水平、利益关系的人在网上参与事件的讨论时,会发表自己不同的看法。他们的兴趣、观点、关注的重点各不相同,有可能志同道合,也可能截然对立。因而在谣言的传播过程中,争议的发生就十分自然了。我们往往会发现,在争论中,参与争论的各方很难被不同意见说服,而是会越来越坚持自己的主张。人们通过不断收集证据证明自己观点的正确性,寻找更多意见一致的同伴参与争论。在意见相同的人群中,人们会越来越认为自己说的才是真的,从而强化自己的观点。这样一来,网络谣言在传播中达成一致的可能性变得更小,恰恰相反,网络谣言的传播会固化和加强不同意见人群间的分歧。

章节提问与实践

1. 你上网吗?在网络上找一找有哪些谣言,看看它们符合谣言的什么特征。

2. 请你找五条真消息、五条谣言,将它们混在一起,然后让你的小伙伴们分辨吧。

第二章 什么是真相

主题导航

1. 真相的概念
2. 事实与真相的关系
3. 不适合公布的真相

追寻真相是人的本性。孔子说："朝闻道，夕死可矣。"孟子也说："天下有道，以道殉身。"古今中外，为求真理而殉道者不计其数。意大利天文学家采科·达斯科里于1327年发现并论证了"地球呈球状，在另一个半球上也有人类存在"这一真相，被当时的天主教会活活烧死，他的"罪名"是违背《圣经》的教义。

第一节 真相的概念

你知道吗？

将发光强度很大的灯在灯盘上排列成圆形，合成一个大面积的光源。这样，就能从不同角度把光线照射到手术台上，既保证手术视野有足够的亮度，同时又不会产生明显的本影，这就是无影灯。根据这个物理现象，新闻传播中也有无影灯效应（shadowless lamp effect）。信息透明和公开表达的舆论力量保证信息和民意的自由立体传播，理论上可以让所有隐蔽交易和黑暗都无立足之地，让世界更加透明和充满信任，有利于真相的呈现。

在《汉语大辞典》里，“真相”被定义为：佛教语，犹言本相，实相。后指事物的本来面目或真实情况。北魏杨衒之《洛阳伽蓝记·修梵寺》记载：“修梵寺有金刚，鸠鸽不入，鸟雀不栖，菩提达摩云：‘得其真相也。’”唐代李贺诗《听颖师弹琴歌》有句说：“竺僧前立当吾门，梵宫真相眉棱尊。”鲁迅的《且介亭杂文·关于新文字——答问》中写道：“不过他们可以装作懂得的样子，来胡说八道，欺骗不明真相的人。”

真相是事情的实际情况，实有的事情。与之相对的是假象、假消息。

【假新闻】“第二代身份证将由日本企业造”

雅虎中国2004年8月20日转载《国际先驱导报》驻东京记者的报道，中国6个试点城市的第二代身份证的印制业务将交由一家日本企业担任。第二代身份证采用彩色数码照相技术，而这家日本企业的打印机在所有的测试、比较和论证过程中表现优异，因而被选中。看了这篇报道，不由得想到身份证载有公民的基本信息，交给外国企业印制，就不担心因此泄露有关中国公民的信息吗?

【真相】二代身份证由我国公安机关印制

新华社北京2004年8月25日电：针对日前有报道称“我国第二代居民身份证由国外企业印制”的传言，记者日前走访了公安部有关部门负责人。据介绍，第二代居民身份证完全由我国自主研发和制作，公安机关确保公民相关信息的绝对安全。据某报文章称，我国6个试点城市的第二代身份证的印制业务交由一家日本企业担任。公安部有关部门负责人认为，这一报道严重失实，是极不负责的新闻炒作。事实是，为确保证件质量，经公开招标，选用包括富士施乐、惠普在内的打印设备，用于第二代居民身份证表面照片和文字信息的打印，但所有的第二代居民身份证均由公安机关制证中心（所）印制，制证过程是在安全可控环境下进行的，不存在身份证由外国企业印制的问题。

第二节　事实与真相的关系

你知道吗？

动画片《名侦探柯南》中有一句名言："真相只有一个。"但事实上，真相不止一个，有多少人见证过就有多少真相，就像电影《罗生门》中的故事一样。《罗生门》的故事发生在12世纪的日本。在日本平安京的正南门外，武士金泽武弘被人杀害了。证人樵夫、强盗多襄丸、死者的妻子真砂、借死者的魂来做证的女巫都被招到纠察使署陈述案情，但他们都怀着利己的目的，竭力维护自己，提供了美化自己、使得事实真相各不相同的证词。

一、新闻信息中的真实性原则

《新闻学大辞典》对"新闻真实性"的释义是：新闻报道反映客观事实的准确度。也有人认为：新闻真实性指的是在新闻报道中构成新闻信息的每一个具体要素都必须准确无误，即表现在新闻报道中的时间、地点、人物、背景、事件经过、原因与后果、细节描述、语境等都符合客观事实。真实性是新闻报道的生命。也可以说,新闻报道的使命就是报道真相。

一则新闻是否符合真实性是出于表达者、写作者的主观判断,但仍然要以客观事实为基础。真实性是新闻的首要标准,这是新闻的内在要求;没有真实性,那就称不上新闻。不过,虽然新闻报道中的事物必须是真实的,但并非所有真实的事件都可以或值得作为新闻来报道。

按照历史唯物主义的观点,采集和处理信息的活动与能力是人类社会生存与发展的基本需求;作为社会化的高级生物的人类,我们进行信息采集与处理的活动必然是在一定人群中和地域间进行的,采集和处理的信息也必然会在一定的人群和地域之间传播、交流和扩散。所以,人类社会在发展变化的过程中,必然要求真实而客观的信息在一定人群与地域之间传播、交流和扩散,从而促进人类社会与自身文明的不断进步。如中国学者尹韵公所说,在人类成长过程中,凡是错误的信息、不真实的信息或扭曲的信息,都或多或少、或重或轻地影响了人类前进的步伐。概括起来讲就是:凡是真实的信息,都促进了人类的进步;凡是错误的不真实的信息,都阻碍和延缓了人类的进步。1938 年 2 月,哥伦比亚广播公司将威尔斯的《星球大战》科幻小说改编成了广播剧播出。时值世界经济大萧条和第二次世界大战前夕,这个广播剧让许多本已人心惶惶的民众信以为真,误以为真有外星人攻击地球,一些人崩溃大哭,一些人将财产挥霍一空,甚至有人为此自杀,引发了一场波及全美国的社会骚动。

除了如实记载和报道客观事实,即真相之外,新闻的真实性还在于探寻什么是真相。新闻工作者和学者们关于新闻真实性的讨论中,对于真实到底是“现象真实”还是“本质真实”曾经争论不休。有人认为新闻只是“现象真实”,也就是新闻只需要记载客观存在的事件就行了,这就是真相本身。但也有人认为仅仅报道事件的时间、地点、人物、背景、事件经过并不足以揭示全部的真相,对于事实出现的原因、意义、社会影响以及可能的发展趋势等的探究也是真相的一部分。所以新闻报道中开始出现解释性报道、评述性报道、深度调查报道等新的报道形式。这些报道形式试图从总体上、整体上和宏观上去反映与分析、调查事物之间的关联性与预期性,也就是真相的本质。

二、片面真实与整体真实,何为真相

中国有一句古话叫“眼见为实”,网络空间中也说“有图有真相”,但事实可能并非如此。下面三幅图就是例证。中间这张图片是美军在给一位伊拉克战俘喂水,但如果被分割成左右两张图片,它们的含义就截然相反了。左图只表现了美军用枪顶住头部,有虐待战俘的嫌疑。右图只有美军喂水,优待战俘的意图就十分明显了。左右两张图片都是新闻报道的客观事实的一部分,那么它们等于真相吗?

新闻的真实性还表现为整体真实与平衡全面报道。通常我们在谈及虚假新闻时,总是着眼于一则新闻中报道的事实是不是真实,对新闻是否符合整体真实很少提及。整体真实要求一段时空内的新闻报道为我们呈现的社会图景是全面、真实、可信的。一则新闻中,只实现了基本新闻要素的真实性并不等于就揭示了真相,坚持了新闻的真实性。也有可能这则新闻只报道了事实的一个方面,形成片面真实。媒体截取社会的多个侧面,选择有新闻价值的事件进行新闻报道,给我们呈现出一个媒体中的客观世界,从而作用于我们的社会认识与社会实践。可片面真实的新闻报道所呈现的媒体中的社会只会让我们偏离真实世界与客观现实,导致对世界的偏颇认知,做出错误判断。

哈钦斯委员会指出:“仅仅真实地报道事实是不够的,目前更为必要的是报道事实中的真实。”新闻如果不能提供事实发生的脉络，忽略事件各方的权力和义务，那么，对事实的报道很可能成为某些人权力寻租的工具。一个具体而完整的新闻事实必须由事实的基本要素和不同的侧面构成。如果新闻只是真实报道了事实的某一部分或某一侧面，那么即使这则报道中的各种新闻要素都是真实存在的，那它也很难反映这一新闻事实的整体面貌，造成片面真实。新闻的片面真实，表现为两个方面的以偏代全：一是有些新闻报道的各个新闻要素都是真实存在的，但呈现出来的整体事实却与客观事实不符，用事件的部分真实代替整体的客观事实；二是某一时空范围内的每则报道基本都是符合事实的，但这些报道整合之后的社会整体图景却与客观世界不相符，也就是只截取了社会全景的某一个侧面或某一类观点进行报道。如果我们将新闻要素的真实理解为“点”的真实，对新闻事实概括的真实理解为“线”的真实，而整体真实则理解为“面”的真实，新闻的片面真实就可以概括为：只有“点”的真实，没有“线”或“面”的真实。新闻的片面真实本质上也是一种新闻失实。

新闻是反映社会现实的镜子，但镜子不可能映照出 360 度无死角的社会全貌和所有层面，它只能照出社会中重大的，或有趣的，或有用的部分。那么，新闻的报道者就好像掌控镜子的人，他们决定着镜子照向何方。新闻报道者根据自己的主观意愿和兴趣，选择说出事件的哪个方面，如何表达和运用事实。当新闻出现在媒体上，新闻信息应当全面涉及事实的各个要素，而且涉及事件的各方面声音都应当有发言的机会。但因为报道者只接触了事实的一部分,或者报道者因为自身的主观因素,只对某方面的真实感兴趣,仅仅突出了客观事实的某一个侧面,这就会导致新闻只呈现片面真实。这种虽然不是出于故意失真,但一叶障目不见泰山的片面真实往往会造成信息的失真、扭曲,从而导致谣言的传播。

有时候片面真实的出现也出于新闻的报道者为了达到某种预先设计好的目的,故意对事实进行剪切、加工、夸张甚至曲解,造成新闻报道与事实真相发生背离。这种指鹿为马、张冠李戴的片面真实就与虚假新闻、故意制造谣言无异了。

【案例】

2011 年 9 月 7 日,S 新闻网报道了这样一则新闻:“婴儿被诊断要做 10 万元手术,最终吃 8 毛钱药痊愈”。文章说,在龙岗开牙医诊所的陈先生喜得贵子,可是儿子降生以后,发现他肚子有点鼓,S 市儿童医院给孩子拍了十几张 X 光片后,要求给降生仅 6 天的新生儿做一场大手术,手术费用可能超过 10 万元。然而学医的陈先生隐约觉得有蹊跷,他拒绝了手术,并带孩子到 G 市治疗,结果仅用 8 毛钱的药治好了孩子的病。该报道因为 10 万元手术费与 8 毛钱间的巨大反差,引起公众对此事的极大关注,激化了医患矛盾。但不久后该患儿病情恶化,最终诊断的确为先天性巨结肠,不得不进行手术。

这则报道就是典型的片面真实导致的谣言传播。新闻只采访了患儿的父亲,听取了带有极强主观色彩的片面性述说。虽然患儿父亲反映的信息的确是他自身的遭遇和自认为的真实情况,但医院方面的信息却缺失了,真相被片面的信息所掩盖。

三、意见与真相的关系

公众在看到一则新闻时,会根据自身的经验、知识、经历、利益等对其进行解读,从而产生对这则新闻的自我理解,这些自我理解在网络时代往往会被公开表达出来,也就形成了对新闻信息的意见。我们在微信、微博中看到的“评论”“点赞”,就是意见的一种表达方式。

与新闻报道追求客观性不同的是,意见是一种主观态度,很难用真意见或假意见去判断,但意见也存在是否真实,是否符合真相的问题。意见、新闻评论是以观点影响公众,如果意见失真,就可能导致虚假意见,扭曲事实真相,背离真实性原则。

要让意见符合真相,就必须符合以下条件:

第一,意见的选题必须是真实的,符合逻辑的。对什么问题发表意见,这是意见表达的第一步。意见的选题如果并不是一个真实存在的问题,那么所表达的意见和评论要么虚幻,要么误导大众。某段时间,“90 后是迷茫的一代”的说法在网上普遍存在,认为“90 后”缺乏目标、热情、奋斗精神,自私,迷茫,不关心他人。可是这是真的吗?“90 后”中既有宁泽涛、傅园慧这样的体育新秀，也有姚尚坤这种白手起家的金融才俊，更有张震豪、孙宇晨等科技新星，还有用孝心感动中国的孟佩杰、黄来女。其实每代人，尤其是处于和平时代的人们在年轻的时候都会经历一个迷茫期，但每代人都有自身独有的优势和特质。用一种“伪问题”作为意见的选题，意见也就失去了存在的价值。

第二，意见或评论的依据是真实和准确的。意见是发言者对新闻事实的主观评价，它或者对真实的新闻事件的背景进行探讨，或者讨论事件的本质，又或者分析事件的原因和影响。那么，这就要求我们讨论的事件本身必须是真实存在的，发表的意见中，关于事实的细节必须是真实的。2013 年，一篇《1.7 万元撒落遭哄抢的拷问》引发人们的热议，文章批评“中国人不但缺钱，也缺少诚信”。但事实是，在上海打工的小秦丢失 17600 元，上海警方辟谣说没有发生哄抢，是钱款遗失，事后市民的捐款达到 22450 元，远大于遗失的钱款。评论者如果明知某个新闻是假的，却还把假新闻当作评论的依据，那就等于故意传播谣言了。

对于新闻舆论传播来说，意见非常重要。公众意见的形成，离不开真实客观的信息传播，也离不开理性负责的舆论引导。

第三节 不适合公布的真相

你知道吗？

在突然爆发的大规模自然灾害中，人们除了会受到生理上的伤害，还会受到心理上的创伤及压力。直接或间接遭遇灾难的每一个人，包括幸存者、现场的救援人员甚至是通过媒体报道目睹灾难发生的普通民众，大多会产生创伤后的应激心理反应。因此，灾难后需要对受创者进行及时的心理援助。根据世界卫生组织（WHO）的调查，约 20%—40% 的人在灾难之后会出现轻度的心理失调，这些人不需要特别的心理援助，他们的症状会在几天至几周内得到缓解。30%—50% 的人会出现中至重度的心理失调，及时的心理援助会使症状得到缓解。而在灾难发生一年之内，20% 的人可能会出现严重心理疾病。

一、什么样的真相不适合公布

1. 过于血腥暴力的新闻

极端组织“伊斯兰国”曾经发布一段视频，视频中极端组织的武装人员把美国记者詹姆斯·福利砍头杀害,以报复美军空袭。视频画面极其残忍血腥。美国《纽约邮报》以“野蛮人”为题报道了这则新闻,并在头版刊登了一张武装人员开始割下福利头颅的视频截图。美国有线电视新闻网(CNN)虽然没有在电视和网络上播放这段砍头视频,但也播发了福利被砍头前的截图和视频中一段行刑者的录音。一些网民随后表示,应该封杀《纽约邮报》在社交网络上的账户。许多人认为,即便在报道中使用福利被砍头前的截图,也在帮助恐怖分子宣传。

相较于单调枯燥的文字记述,有时候,一张来自新闻现场的照片或是一段视频更有说服力,更容易触动人心。但这些照片或视频应当是恰当的,没有过分渲染血腥、恐怖、暴力或悲伤的情绪的。

在灾难现场,必定会有很多流血、受伤甚至死亡的场面出现。遇难者、哭泣者、残肢断臂、鲜血淋漓,这些在有关灾难的新闻报道中都很常见,也都是真实的客观存在。但如果过分凸显灾难的细节,一味向读者传达恐惧和悲惨的情绪,新闻信息就会给遇难者及其亲属,以及报纸、广播、电视和电脑前的受众带来负面和消极的影响。在涉及恐怖主义事件时,过度骇人听闻的惨烈图片与视频还会帮助恐怖分子扩散恐怖情绪,制造社会混乱。

因此,在灾难信息的传播中,即使血腥、悲伤和恐惧是真实存在的,对它们的报道也应该有所节制,帮助人们在获取真实信息的前提下,尽可能地从悲伤中感受到关爱与团结的正能量。

2. 会对遇难者及其亲属造成二次伤害的报道

新闻信息对受害者及其亲属的二次伤害是指在灾难性报道或负面报道中，媒体或报道者的不规范操作，或夸大事实导致对受害者及其亲属生理和心理的再一次伤害。

一些媒体反复询问受害者及其亲属受到伤害的情景、细节与感受，迫使他们不断回忆起所受的创伤，给受害者及其亲属造成生理与心理上的再次伤害。也有一些关于灾难事件的新闻信息将受害者或遇难者本应被保护的，或者不愿公布的隐私暴露在公众面前，甚至恶意中伤他们。

汶川地震中，某镇某小学的几个小学生被埋在了废墟下，为了引起救援人员的注意，也为了相互鼓励，孩子们一起唱起了歌，等待救援。当孩子们被救出后，有的媒体在医院让孩子们一遍遍讲述当时的情景，孩子们变得越来越惊恐，最终情绪失控。

3. 犯罪新闻的细节

经常会有一些法制类电视节目为了追求收视率，打着还原案件的真实状况、“纪实”的幌子，详细描述某些犯罪分子作案的细节，将案发和破案的过程事无巨细地播出。这些真实的图像视频，虽然满足了公众的好奇心，但也暴露了犯罪分子详细的作案手段，过多地披露了公安司法机关的侦破思路与破案手法。这很有可能成为潜在的犯罪分子掌握犯罪手段、警方侦缉手法的教科书。《看了法制节目竟然模仿作案调换储蓄卡盗现款》《男子模仿电视节目作案　抢劫强奸单身女房东》《效仿电视节目作案三名犯罪嫌疑人相继落网》等新闻都提醒着我们，法制类节目的意义是普及法律知识和安全防范的方法，警示教育民众，而不应是在不知不觉中传授犯罪方法。

4. 侵犯他人隐私权的新闻

隐私权，是指自然人享有的私人生活安宁与私人生活信息依法受到保护，不受他人侵扰、知悉、使用、披露和公开的权利。权利主体对他人在何种程度上可以介入自己的私生活，对自己的隐私是否向他人公开以及公开的人群范围和程度等具有决定权。

2011 年 7 月，小池把 8 万多元转账给阿然（化名），向阿然购买一辆二手车，双方签了一份转让协议，约定一周内交付并办理过户手续。阿然说，她因为忙未及时办理手续，小池就在网上发帖，称她是“无耻之女人”“骗子”，还把她的电话、单位和照片等信息全部放在网上，导致身边的朋友对她产生误解，她也因此丢了工作。后来，车子交接了，帖子却没删除，阿然愤而选择起诉，要求小池赔偿精神抚慰金及公证费等。

法院审理认为，小池在网上发布的内容不仅公布了阿然的个人信息，还使用了侮辱性的语言，在一定范围内对阿然的声誉产生了不良的影响。小池虽是为了维护自己的权益，但通过在网络上披露个人信息、发起人肉搜索的方式要求阿然履行合同义务，且在取得所购车辆后长时间未删除，实属不当。最终，法院认定小池的行为构成对阿然名誉权的侵害，判决小池赔偿阿然精神抚慰金 1000 元，以及阿然为保留证据所付的公证费用 2900 元。

我国法律中规定了多款保护公民隐私权的法律条款,如:《中华人民共和国未成年人保护法》第二十七条明确规定:“全社会应当树立尊重、保护、教育未成年人的良好风尚,关心、爱护未成年人。”而第三十九条则更为直接:“任何组织或者个人不得披露未成年人的个人隐私。”

那么,公开哪些信息属于侵犯他人隐私呢?

根据新实施的司法解释,网络用户或者网络服务提供者利用网络公开自然人基因信息、病历资料、健康检查资料、犯罪记录、家庭住址、私人活动等个人隐私和其他个人信息,造成他人损害,被侵权人请求其承担侵权责任的,法院应予支持。该项条款还专门列出了例外情形,包括为促进社会公共利益且在必要范围内的合法公开等情形。

5. 法律禁止公布的内容

根据国家相关保密法律法规,某些涉及公共安全和国家秘密的信息,未经批准,是禁止公开传播的。

1999 年 7 月,国家安全、公安部门破获了一起在互联网上泄露国防重点工程秘密案。1999 年 5 月 19 日,当时的某电子科技大学国家安全小组联络员在互联网上发现一篇介绍某国防重点工程研制情况的文章,立即将该文下载并报告当地国家安全部门。经保密部门鉴定认定此文章为严重泄密。据泄密者原航空工业总公司人员郭健后来交待,1999 年 5 月 7 日,他在家中上网,看到有关该工程的一些内容,抱着“别人的信息都不准确,自己从事过这项工作应当有责任发表一篇最权威的文章”的心理，编写并在网上发表了该文。最后，郭健以泄露国家机密罪被判处有期徒刑8个月。

为防止不雅照、淫秽色情信息危害青少年的健康成长，法律明确规定禁止传播含有淫秽色情信息的物品。我国《刑法》规定：以牟利为目的，制作、复制、出版、贩卖、传播淫秽物品的，处三年以下有期徒刑、拘役或者管制，并处罚金；情节严重的，处三年以上十年以下有期徒刑，并处罚金；情节特别严重的，处十年以上有期徒刑或者无期徒刑，并处罚金或者没收财产。

二、为什么有的真相不适合公布

1. 最小伤害原则

采访和报道受害者与在灾难中失去了亲人的人，应当遵循新闻伦理中的“最小伤害原则”。慎重和小心报道他们的信息，尽可能降低对他们的伤害，不主动请求他们讲述悲伤、恐怖的回忆，如果条件不允许的话，应当放弃采访。

美国职业新闻记者协会（SPJ）守则中专门规定：有道德的新闻记者将消息来源、报道对象和同事奉为值得尊敬的人。新闻记者应该对那些可能受到新闻报道负面影响的人表示同情。在对待儿童和无经验的消息来源或报道对象时，具有特殊的敏感性。在采访那些遭到悲剧或哀痛打击的人或使用访问记录和照片时谨慎行事。要明白采访报道可能伤害他人或使其不安，追逐新闻并不意味着可以自以为是。认识到与公共官员和其他努力寻求权力、影响力或注意力的人相比,私人有更大的权利控制关于自身的信息。只有压倒一切的公共需要才能证明侵犯个人隐私的正当性。表现良好的品位。避免迎合耸人听闻的猎奇癖。在交代青少年犯罪嫌疑人或性犯罪受害者的身份时谨慎行事。在正式发出指控之前,适当地使用“犯罪嫌疑人”这一称谓。在犯罪嫌疑人的公正审判权与公众的被告知权之间进行平衡。

韩国新闻界也专门在《新闻伦理实践纲要》中规定:“记者在采访灾害或事故时不得损害人的尊严,或者妨害受害者的治疗,对受害者、牺牲者及其家属应保持适当的礼仪。”在采访医院等场所时,须表明身份,“未经许可不得对病人进行采访或拍照,也不得对病人造成障碍”。

澳大利亚《先驱与时代周刊》上刊登的《如何采访哀伤和感情受创伤的人》一文,详细地陈述了应该如何采访受伤害的人,其中包括:

“应该体恤所有哀伤和感情受创伤的人,并很有礼貌地对待他们;如欲征求一位受伤害的当事人访问或拍照,尽可能通过中间人(如他的家人朋友)等做初步接触,万不得已才直接接触。若当事人拒绝,不要坚持(可以留下联络方式,等当事人压力舒缓后再考虑采访);在表明身份后,未取得当事人或其监护者明确允许时,不得进入医院、殡仪馆、福利机构等公众人士不宜进入的地方;受害人必须提前被告知有权随时终止拍照或访问。进行访问时必须明白访问过程可能对受访者造成困扰，亦须明白发表受访者在灾害中透露的资料可能给他们带来的影响，因此要审慎处理。”

2. 尊重他人人格权

我国《宪法》第三十八条规定：中华人民共和国公民的人格尊严不受侵犯。禁止用任何方法对公民进行侮辱、诽谤和诬告陷害。

第四十条规定：中华人民共和国公民的通信自由和通信秘密受法律的保护，除因国家安全或者追查刑事犯罪的需要，由公安机关或检察机关依照法律规定的程序对通信进行检查外，任何组织或者个人不得以任何理由侵犯公民的通信自由和通信秘密。

《民法通则》第101条规定：“公民和法人享有名誉权，公民的人格尊严受法律保护。”

最高人民法院在《关于审理名誉权案件若干问题的解答》中再次强调：“对未经他人同意，擅自公布他人隐私材料或以书面、口头形式宣扬他人隐私，致他人名誉受到损害的，按照侵害他人名誉权处理。”

章节提问与实践

1. 找一找你所认为的谣言，看看它是否符合谣言的特征。

2. 在新闻中是否有你认为不适宜发表的真相？

第三章 谣言是怎么传播的

主题导航

1. 为什么会有谣言
2. 谣言为什么会广泛传播
3. 谣言的传播机制

《荀子 · 大略》说："流丸止于瓯臾，流言止于智者。"意思是，滚动的珠子会被瓦器逼停，没根据的传言会被聪明人终止。但事实上，不论古今中外，谣言在人类的历史上从未消亡，它们长期存在，广泛流传，有些甚至经久不衰。谣言的存在与传播受到社会机制、受众心理、传播环境等复杂因素的影响，只靠智者们的广开言路、信息透明并不能完全遏制谣言的传播和公众的信谣。甚至很多时候，造谣传谣的就是智者。中国古代的方士、巫师、政治势力往往会编造预示吉凶的隐语，形成谶纬和民间谣谚，来影响政治局势，引导民间舆论。我国历史上最著名的谶纬是被记载在《史记》里的"亡秦者，胡也"。

第一节 为什么会有谣言

你知道吗？

世界上广泛流传着"末日说"。众多宗教，如基督教、犹太教、天主教、新教、伊斯兰教等都宣称主会在末日给予信徒救赎，对有罪者进行审判。玛雅神学中世界由5个太阳纪组成，按照太阳历法记录，第五个太阳纪结束就是2012年12月21日。因此，有传言认为，2012年12月21日就是世界末日。一些人对此深信不疑，甚至传说"2012年12月21日，地球将会有连续三天黑夜"。于是，在四川、湖北、山东、吉林等地上演了抢购蜡烛的闹剧。事实已经证明，2012年12月22日这天，太阳照常升起。

如果我们认为"谣言是与重要时事有关的信息，在未经证实的情况下以人际传播的方式在人群中广泛流传"，"未经证实"与"在人群中广泛流传"就是一则信息成为谣言的两个必要条件。那么，这些真假难辨的信息最初如何出现，又为什么会受到广泛的关注、议论和转述呢？

历史证明，大动荡时期特别容易出现谣言的大规模暴发和扩散，因为恐惧、不稳定与不确定因素是谣言最好的温床。此外，个人的媒介素养缺失，也是导致谣言发生和扩散的主要原因之一。谣言发生和扩散的原因很复杂，我们可以从社会学、心理学、人类学、新闻传播学等多个角度来探究谣言的成因。

一、从社会学角度看谣言的产生：恐慌或不满中的真相缺位

美国社会学家希布塔尼曾说："谣言是一群人议论过程中产生的即兴新闻，起源于一桩重要而扑朔迷离的事件。"回顾前面我们总结的谣言的特征，美国学者奥尔波特也在其专著《谣言心理学》中指出，重要性和模糊性是谣言产生的两个基本条件，也就是说，事件的主题必须对听信谣言的人和传播谣言的人都具有某种普遍的重要性，能够引起他们的关注、担忧和好奇；同时，有关该事件的真实情况一定因为种种原因没有公开或被某种模糊性掩盖了起来。

从社会学的角度来看，谣言被认为是一种集体行为，谣言的参与者表现出不同的传播特性。有人对谣言深信不疑，积极传播，有人质疑谣言的可信度，有人将信将疑。参与者在不同的时间会用不同的方式传递同一则信息，并根据各自的理解和不同的社会关系对这则信息作出调整。就好像同一件事情，大家向老师讲述时和向自己的朋友讲述时会有区别。我们每个人在集体中

交换意见,讨论某个没有公开真相的事件,并经过参与、说服、认同等过程来对事件进行集体性的认识,最后得出来的答案与结果就是一群人智慧的汇总,这也就是谣言的社会功能。

由此可见,与公众利益密切相关尤其是具有某种危害性的公共事件以及事件真相的缺失,是社会学视角下谣言产生的两个主要原因。

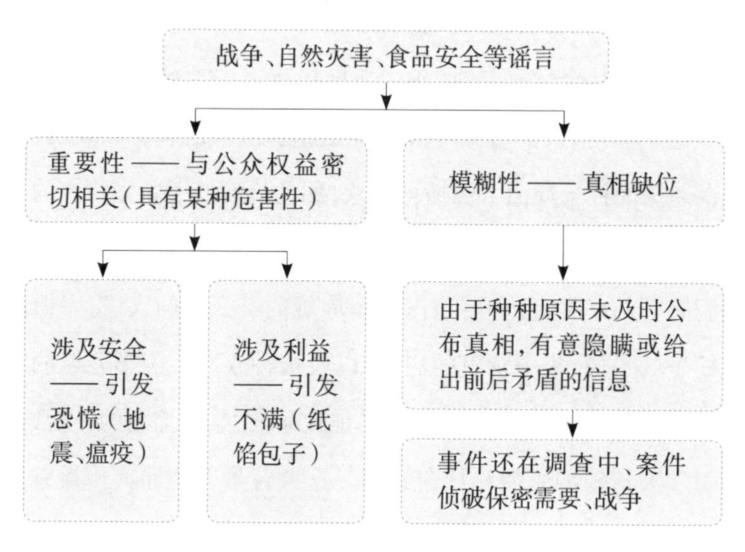

谣言产生的主要原因图示

1. 与公众权益密切相关的背景事件

中山大学大数据传播实验室曾经就微信中谣言的内容主题做了一期《微信"谣言"分析报告》,结果显示,排名靠前的谣言主题是:健康养生、疾病、金钱、人身安全、政治、政策相关、社会秩序、呼吁求救,其中以养生、食品安全等生命焦虑为内容的谣言占55%。

趋利避害是人的本能。关乎社会成员切身利益，特别是具有一定危害性的公共事件，如战争、自然灾害、瘟疫、食品安全事件、环境污染事件、民族冲突事件、物价上涨、社会体制变革等，往往会激发人们自我保护的本能，引发人们对信息公开的渴望，在此过程中大规模谣言“乘虚而入”。我们将这些事件分为人身安全受到威胁和公众利益受到损害两类。

（1）威胁人身安全的社会事件

如美国社会学家卡斯·R·桑斯坦所言：“当情况不妙时，谣言不论正确与否，都会像野火一样迅速扩散。已有研究表明，谣言在动荡的社会局面下传播得最快，那些长期处于紧张状态的人们更容易相信并散播谣言，比如持续轰炸的受难者，长期遭受传染病之苦的幸存者，需要与占领军周旋的被征服的人民，恐惧长期战争的平民，集中营里的犯人，以及被种族冲突阴影笼罩的族人。”威胁人身安全的社会事件多是致命的、难以控制的，也常常会引发大规模的恐慌和社会骚动。这种背景下的谣言传播有范围广、传播时间久、版本多、反复出现的特点。

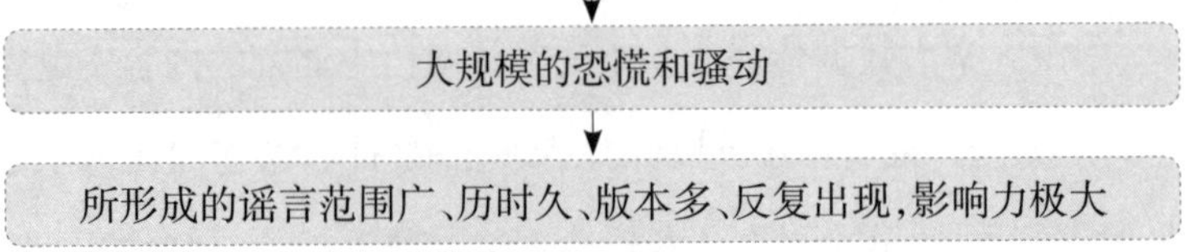

战争、瘟疫、自然灾害等致命的、难以控制的社会事件

↓

大规模的恐慌和骚动

↓

所形成的谣言范围广、历时久、版本多、反复出现，影响力极大

社会动荡促使谣言传播图示

【案例】

距今 2400 多年的雅典瘟疫最初只是在小范围内暴发,有人散布谣言道“城邦的宿敌在蓄水池投药”,于是人们四处巡逻抓“间谍”,使得病菌扩散,导致最初范围极其有限的传染病扩展成了一场不可收拾、殃及希腊半岛整个阿卡提地区生灵的大瘟疫。

1978 年 5 月 23 日,希腊的塞萨洛尼基市远郊发生了 5.8 级地震;6 月 20 日,该市近郊发生 6.4 级地震,47 人死亡;7 月 4 日,在靠近市中心的地方,又发生了 5.0 级地震,1 人死亡。连续三次地震,震中越来越靠近市中心,再加上前两次地震都是接近月圆之时,谣言就产生了:“下一个接近月圆的 1978 年 7 月 20 日,塞萨洛尼基市中心将发生大地震。”于是,这座城市 70 万的人口几乎逃走大半,人们纷纷低价抛售固定资产,抢购食品。7 月 19 日,希腊总统亲自来到该市举行大规模宴会,人心才得以稳定,当地的经济才避免走向毁灭。

同样的事情也发生在我国。2003 年我国“非典”时期,各种荒诞的谣言层出不穷。如称“非典是时疫,60 年发生一回,产生原因是金星、火星与木星交错,引力场发生变化”“SARS 是美国人研发出来专门针对中国人的病毒武器”,又有“湖南某地一哑巴开声称挂艾叶于门外可防‘非典’”“浙江一刚出生的婴儿言称绿豆汤能防治‘非典’”,更有消息说“板蓝根可以防‘非典’”,甚至有“抽烟可以防‘非典’”“放鞭炮可以防‘非典’”“打喷嚏可以防‘非典’”等荒唐的说法。

第二次海湾战争中，伊拉克最大的一起伤亡事件不是由炸弹引起的，而是由夹杂着虚假谣言的信息引起的。2005 年 8 月 31 日，一则广泛流传的谣言说有自杀性炸弹会在巴格达穿越底格里斯河的阿马拉桥上引爆。这则谣言在穿越大桥的宗教游行队伍中引起了恐慌，导致人群开始蜂拥过桥。人群的压力冲断了大桥的铁栏杆，人们纷纷坠入水中，最终数千人死于非命。

（2）损害公众利益的社会问题

损害公众利益的社会问题需要政府及时回应社会关切，如果官方不及时公开信息甚至隐瞒真相，会引起公众普遍不满。这种背景下的谣言传播往往带有舆论批评的色彩，吁请政府或利益集团公开真相，改变公共政策。

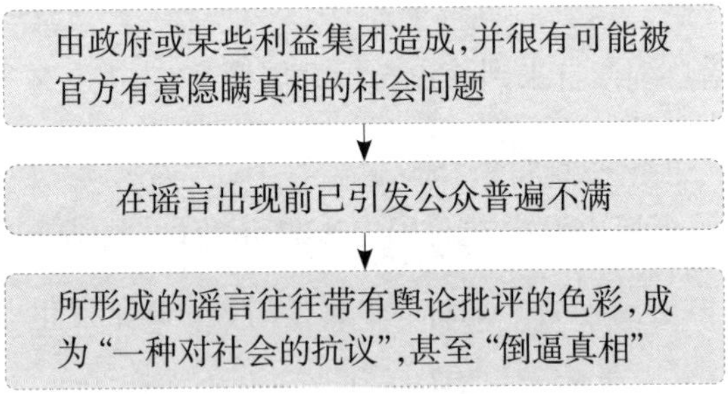

由政府或某些利益集团造成，并很有可能被官方有意隐瞒真相的社会问题

↓

在谣言出现前已引发公众普遍不满

↓

所形成的谣言往往带有舆论批评的色彩，成为“一种对社会的抗议”，甚至“倒逼真相”

社会舆论监督图示

【案例】

2008 年起，一则肯德基肉鸡“八翅四腿”的信息与浑身插满试管、浑身长满鸡翅的肉鸡照片在网络上疯狂流传，经年不散。虽然经肯德基公司官方辟谣称此为虚假消息，照片是 PS 的，但这起谣言的产生和流传充分证明了我国消费者对食品安全问题的担忧,也是对有关部门加强对食品安全监管的敦促。

2. 事件真相的缺失

美国学者奥尔波特、涩谷保及法国学者卡普费雷都有过对谣言产生与真相缺失的论述,例如"谣言在缺乏新闻时滋长""在人们对新闻的需求与集体亢奋的激烈度呈正向相关的时候,谣言语境才得以存在""谣言不是从真相中起飞的,而是要出发去寻求真相"等等。在真相缺失时,谣言会大肆扩张来满足人们对真相的需求。在人们对信息极度渴望的情况下,真相的缺失为谣言的滋生提供了绝佳的土壤。所谓真相的缺失,并不简单地等同于官方未给出对事件的相关说明,还包括信息发布不及时、大众媒体给出相互矛盾的信息、政府公信力下降所导致的政府虽然公开辟谣但民众拒绝接受政府的解释等。当一个重大的公共事件发生后,人们急需关于它的信息。这时,如果正规渠道的信息供给不足,各种小道消息就会不胫而走。公众的疑惑得不到解答,就会自行寻找自认为合理的解释。于是各种"集体创作"的谣言就出现了。

(1)由于种种原因官方未及时公布事件真实情况

有时,官方确实出于一些特殊原因不能够及时公布事件的真实情况,例如事件还在调查之中,案件还未侦破,或出于战争时期的保密要求等。

【案例】

1998 年 2 月 14 日上午 10 时 08 分,行至长江大桥汉阳桥头的WH市电车公司一路专线车发生爆炸，爆炸冲击波碎片伤及4辆汽车，造成被炸车上16人死亡、22人受伤。由于现场人证物证被爆炸严重破坏，34天后案件才得以告破，系一名外来务工人员因情感问题所为。在案件侦破的一个月间，全城谣言四起，人心惶惶，盛传此案为“台湾特务”或“新疆恐怖组织”所为。

（2）官方有意隐瞒真相或错误地给出相互矛盾的信息

在一个信息传达机制失灵的社会，更多时候真相的缺失是由于官方的有意隐瞒。如果政府在危机事件中“捂盖子”，就会造成相当大规模的谣言盛行。

【案例】

2011年3月11日，日本宫城县仙台市以东约130千米海中发生9.0级地震，地震导致福岛核电站爆炸，关于核泄漏、核威胁的谣言层出不穷。传言称：日本核电站刚爆炸了，现在进行人工降温，也就是人直接进入反应堆核心进行手工操作。这些人出来后活不到20分钟就会死。据传日本核电站爆炸导致整个日本不适合人类居住，甚至会波及中国。还有谣言称：日本10年间会有百万人丧身。澳大利亚政府已经停止日本人的签证发放。地震之后损坏的日本核能发电厂的放射性物质开始流入海洋或者周边，开始发现畸形海鲜及植物。周边国家已经停止了与日本的海鲜贸易，受到放射性物质影响的食品食用之后1至2年内会诱发食道癌、淋巴癌、白血病等。

2003年3月，时任美国总统乔治·布什发表国情咨文，向全世界声称:伊拉克正在研发大规模杀伤性武器,在支持恐怖主义。他还信誓旦旦地说,美国已经掌握了确凿的证据,伊拉克总统萨达姆拥有足够“杀害好几百万人”的炭疽菌,足以使“数百万人死于呼吸衰竭”的肉毒杆菌,还拥有足以“杀害成千上万人”的化学武器,对美国等国家的安全构成严重威胁。4月9日,布什在没有获得联合国支持的情况下,向伊拉克发动了大规模军事进攻。2004年,布什总统再次发表国情咨文,宣布美国武检人员在伊拉克搜寻了数月,并没有找到大规模杀伤性武器。于是,关于美国发动伊拉克战争的阴谋论开始盛行,甚至有人声称,“9·11”事件也是美国自导自演,意图占领伊拉克,掠夺石油资源的阴谋。

综上所述,在社会学的分析视角中,我们得到的结论是:谣言来自人们对关乎自身利益的重大事件的信息渴求与真相缺位二者间的矛盾。我们认识到,在某种意义上,谣言的产生可理解为对社会信息自由传播与获取和社会运行机制失效的提醒。

二、从心理学角度看谣言的产生:投射理论

根据上一部分的论述,我们似乎可以得到这样的观点:如果官方能够及时、准确、具体地公开说明事件的真实情况(如暂时不能公布真相则给出确切理由),那么谣言就能够被有效地遏止。然而,事实并非如此。这样的观点只是对谣言生成机制错误地过分简化。谣言作为一种社会现象,深受人的复杂性的影响,绝不

是简单机械的反应链。参与其中的每个个体的个人意识和非理性的冲动行为,都会对谣言的走向产生深远的影响。如奥尔波特所说:“谣言是一种社会现象,制造出一则谣言至少需要两人参与。但是,在任何特定时刻,每个个体都是谣言的传播媒介,他在想什么是整个事情的关键……如果不对组成谣言链的一系列个体意识的典型运作作一仔细分析,我们就不能完全理解谣言。”因此,我们还需从心理学的角度入手,对谣言生成过程中人的心理层面的作用加以分析,其中最具适用性的是投射理论。

心理投射是指人们将自己的思想、态度、愿望、情绪、性格等个性特征,不自觉地反应于外界事物或者他人的一种心理作用。人的一些潜意识受到压抑,虽然不易觉察,但是却影响着人们的行为。具体表现为:一个人的情绪状态往往会不自觉地反映在他对周围事物的解释中,于是就用对待自己内心一部分的方式来对待那个事物,那个事物就成为他内心的代言人或者说替罪羊。宋代著名学者苏东坡和佛印和尚是好朋友,一天,苏东坡去拜访佛印,与佛印相对而坐,苏东坡对佛印开玩笑说:“我看见你是一堆狗屎。”而佛印则微笑着说:“我看你是一尊金佛。”苏东坡觉得自己占了便宜,很是得意。回家以后,苏东坡得意地向妹妹提起这件事,苏小妹说:“哥哥你错了。佛家说‘佛心自现’,你看别人是什么,就表示你看自己是什么。”这里的“佛心自现”表达的就是心理投射了。

奥尔波特在《谣言心理学》中对投射机制对谣言生成的作用

进行了详细的论述。他认为,谣言的成因一方面来自人们缓解紧张情绪并为之辩解的需要,另一方面来自人们“穷根究源”的内在冲动。在谣言的流传过程中,人们往往只传播自己愿意相信的那部分信息。

1. 情绪排解与自我辩护

投射机制作用于谣言的第一个表现是情绪排解和自我辩护。我们可以看以下两个案例。

【案例】

1945 年 8 月,美国流传着一则谣言:苏联对日本宣战是以获得原子弹的秘密为交易的。那些相信并传播这则谣言的人大多对苏联怀有厌恶情绪,同时不喜欢美国民主党政府。他们不能毫无理由地明说“我讨厌苏联”或“我讨厌民主党”,而是竭尽全力地抓住一则能减轻、辩解并解释他们潜在紧张情绪的谣言。这里体现了谣言的复杂用途,人们传播这则谣言,能缓解和发泄他们厌恶、焦虑的内在情绪,同时,也为他们这些负面情绪的产生进行了自我辩解。“为什么我不应该厌恶苏联呢?它们只是在得到我们许多好处后才来援助我们的……”

20 世纪 40 年代,在美国的家庭主妇中流传着这样的谣言:“我听说在 ×× 军营中,有那么多的肉,他们甚至把整块的鲜牛肉扔到垃圾堆里!”很明显,战争时期的肉类短缺给家庭主妇们带来了不便,对她们而言这是重要的事,但以她们所处的位置不可能让她们获知肉类短缺的详细原因。当她们觉得恼怒而不知所措时,就试图找到应受责备的源头。“战争”“轴心国”“希特勒”这些词语对她们来说遥远而抽象,她们几乎想象不出他们与自己目前烦恼的关系。然而,假如种种私人原因使她们对军官产生了反感,一个明确的、就近的、貌似真实的罪魁祸首就这样出现了。这样一个假定他人有某种行为,从而为自己的情绪找到“合理”解释的过程即被称为互补投射。

综上所述,谣言提供一种能供人们排解紧张情绪的口头发泄途径。它们通常能为这些情绪的存在加以辩解,并因为满足了人们潜意识的释放需求而为人所深信。

2. 穷根究源与自圆其说

谣言生成的另一个重要的心理根源便是人们想理解并简化许多接踵而来、发展迅速的复杂事件。谣言由认识活动和交流活动两部分组成,是一种集体性的交际行为。当一桩重要但真相未明或超出群体认知能力的事情发生时,处在不明真相、无力理解真相情景中的人们便试图调动所有人的智慧,对这一事件作出自认为“满意的”“有意义的”解释,来获得心理上的稳定感,满足自己穷根究源与自圆其说的冲动。

【案例】

由于人类认知的局限性,古代的一些自然现象和社会现象往往通过谣言的形式得到解释,并轻松地俘获大批信众。例如元朝至正八年(1348),浙江永嘉发生海啸,海船被冲上平陆高坡二三十里,死亡1000多人。有谣言说,海啸是海盗作乱的先兆。

著名学者叶子奇还在《草木子》一书中以后来的方国珍造反来验证上述谣言,他写道:“其后海寇方国珍据海为盗,攻剽濒海数州,朝廷莫能制。”类似的,当时出现过地震过后有兵灾的谣言。用这样的理由来解释战争、侵略等难以说清的复杂的社会现象,满足了人们穷根究源和自圆其说的需求。

3. 偏颇吸收与自说自话

有一则关于美国前总统小布什的笑话。小布什问赖斯:“戈尔巴乔夫智商那么低,凭什么他可以获得诺贝尔和平奖?”赖斯说:“多亏他从政治上搞垮了苏联这个超级大国,否则,现在世界上有两个超级大国也是麻烦事。”小布什说:“太好了,我已经从经济上搞垮了美国,我也可以获得诺贝尔经济奖。”著名歌星玛利亚·凯利在一些谣言中也是“字字珠玑”:“我在电视里看到那些连饭都吃不饱的可怜孩子,我都哭了。我也想像他们那么苗条,但不是有苍蝇乱飞、会饿死的那种。”

你相信他们真的会说出这种会引起公愤的话吗? 千万别信。这两个段子都是好事者编出来的,却像病毒一般四处传播。原因很简单:这两个段子够生动够劲爆,但是又不会太夸张太牵强,不会令人怀疑他们是否真的说过这些话。这个段子只是更加确认了我们的已有观念:小布什的脑子不是特别好使,玛利亚·凯利是个虚荣的歌星。这样的谣言与常识相符,不会惊动我们头脑中的警钟。

流言终结网站 Snopes. com 的创办人米尔克森解释说:“此类

谣言能够避开我们心理雷达的监测,因为它恰好是我们已经相信的,或者愿意相信的东西。”

对一则谣言进行考察,我们往往可以发现其中有可以得到合理解释或者是真实的部分,如卡斯·R·桑斯坦所言,“谣言既然产生了,至少有真的成分在其中”。这个原本真实的内核是如何在传播过程中被丰富、夸张和扭曲,最终披上了真假难辨的谣言外衣的呢?心理学中“偏颇吸收”的原理可以对其加以解释。“偏颇吸收”指人们都会不经意地按照自己的偏好处理信息,只对完整信息中自己感兴趣的、愿意相信的或在脑海中引起反响的一部分产生清晰的记忆,并在再次进行传播时按照自己的偏好进行突出、虚构和夸张。原本或许是真实的信息在一连串自说自话中产生变形,成为似真似假的谣言。

【案例】

奥尔波特和博斯特曼在《谣言心理学》中所述的“金夫人连接链”便是一个非常有趣的案例,围绕着金夫人慢慢地提出一些让人觉察不出变化的问题,导致一个辩驳不倒然而却是荒谬的结论。

第一次相遇:亚当斯太太对贝克太太说:金太太今天来了吗?她病了吗?

第二次相遇:贝克太太对克拉克太太说:亚当斯太太问金太太病了吗?

第三次相遇:克拉克太太(她不喜欢金太太)对戴维斯太太

（她喜欢金太太）说：有人对我说金太太病了。我想不会很重吧？

第四次相遇：戴维斯太太对爱丽丝太太说：克拉克太太说金太太病得很重，我必须去看望她。

第五次相遇：爱丽丝太太对弗伦奇太太说：我相信金太太病得十分严重，戴维斯太太刚刚被叫到她的床头。

第六次相遇：弗伦奇太太对格雷格太太说：有人说金太太不行了，她全家都在料理她的后事。

第七次相遇：格雷格太太对哈得孙太太说：有关于金太太的最新消息吗？她已经去世了吗？

第八次相遇：哈得孙太太对英厄姆太太说：金太太是在几点去世的？

第九次相遇：英厄姆太太对琼斯太太说：你要去参加金太太的葬礼吗？我听说她昨天去世了。

第十次相遇：琼斯太太对金太太说：我刚听说你死了并要安葬。是谁散布的这一消息？

第十一次相遇：金太太：有很多人都希望这是真的。

4. 信息流瀑和群体极化现象

另外两个可以对谣言的生成加以解释的心理学理论是信息流瀑和群体极化理论，这两个理论更多的是在谣言传播的过程中起作用。

信息流瀑：如果我们认识的大多数人都相信一则谣言，我们也就很容易会相信那则谣言。也就是我们常说的从众心理。

群体极化:一个人的某种情绪或思维倾向在集体环境的传递中会被放大,具有相似信念的人聚在一起讨论通常会强化谣言。当谣言在一开始就有某种共同偏见的群体中传播时,群体成员会对谣言进行讨论并添加或歪曲信息,加强偏见。随着谣言在群体中的进一步扩散,在意见领袖的引导下,谣言越来越向某一个极端立场倾斜,并最终呈现出谣言来势汹汹的极端化现象,有的甚至演化为极端的群体事件。如 2007 年广东某媒体报道了《G 市香蕉染"蕉癌"濒临灭绝》,称"G 市本土三成香蕉感染'巴拿马病',数年后市民可能吃不到本土香蕉了"。这一报道在谣言的发酵过程中逐渐演变成"香蕉致癌论",导致市场上香蕉大量滞销,民众"谈蕉色变"。

卡斯·R·桑斯坦将群体极化和信息流瀑理论用以解释网络中的群体极化现象:"新科技的发展增加了人们接触信息的机会,也增加了人们'无限过滤'的能力,人们选择浏览的,都是与自己观点相同或相似的信息。网络也有'协同过滤'的功能……这使得人们总是置身于一种相近的看法中,强化了原有的观念,变得偏激。这样的后果导致'群体极化',即形成具有极端观念的团体,社会由此分裂。在网络尚未发达之前的社会,人们可以通过传统的公共媒体和街角、公园一类公共场所形成的公共论坛获取信息,这使得人们有很多机会或置身于不同立场的论述中,或有接触不同类型人的体验,由此获得的信息是未经计划或无法预期的,这种不期而遇让人感到社会是形形色色的,不至于太偏激。

网络的发达一方面让人可以不再顾及不同的看法,一方面让人足不出户也能享受社会服务。但是,值得注意的是,人们因此也丧失了外出进入公共场所,遇见形形色色的人,“道听途说”各种消息的机会和经历。因此,当人们以时尚的名义在网上进行‘孤独的狂欢’,尽情地享受‘寂寞的欢娱’的同时,整个社会的‘钻性’就会逐步丧失,随之而来的就是社会承受力变得脆弱和社会的瓦解。”

三、从人类学角度看谣言的产生:集体记忆的破茧而出

用人类学理论分析谣言的产生也是一个有趣的角度。神话是人类学研究的一个重要范畴,法国学者弗朗索瓦丝·勒莫在其专著《黑寡妇——谣言的示意及传播》中写道:“为了解释谣言,不仅需要在谣言产生的社会背景中找原因,还要将社会背景同作为谣言的经纬的神话背景联系起来,让集体记忆储存的材料来把这前因后果说清楚。”正如心理学家荣格在对幻想型谣言的研究中所指出的,“这些谣言(幻想型谣言)所强调的是集团的欲望而非个人欲望,因此,制造它们所需的强烈情绪源于自古以来便留存在每个人个性中的文化原型”。

【案例】

弗朗索瓦丝·勒莫在书中给出了这样的例子:

1988年12月20日,“唐纳·帕斯号”渡轮和“维克托号”油轮在塔布拉斯海峡相撞,2500至3600名乘客掉入了火海之中。

谣言从菲律宾首都马尼拉南边的一些村庄传到了首都,而且变得越来越离奇。一些家庭妇女说她们在拉普拉普鱼的肚子里挖出了一根手指,或是一只耳朵,直到一位名叫帕诺的夫人给地方电台打电话说她在拉普拉普鱼的肚子里挖出了一个男性生殖器。这一谣言使得马尼拉的海鱼市场一时间门可罗雀,菲律宾人最常食用的食材一夜间无人问津,上百万的渔民和鱼贩子遭遇失业的威胁,渔业局发表的检验公报和专家的辟谣通通无济于事。

弗朗索瓦丝的研究并未局限于当时两船相撞的灾难谣言,而是将目光转回到四百年前——当麦哲伦于1521年发现菲律宾群岛时,拉普拉普,一位马克坦岛的部落领袖用标枪杀死了麦哲伦,拉普拉普鱼便以这位杰出的民族英雄的名字命名。因此,拉普拉普鱼已经不仅仅是一种食物,还是一种抵抗帝国主义的文化象征。在此背景下,谣言所述的食物变化给菲律宾人以双重打击:菲律宾人不再像从前那样用餐,不再能保持他们自身的文化自豪。拉普拉普鱼由于被外来物体的非食物(异族人的残肢)毒化,变得不能再食用了:这一方面使居民丧失传统食材而日益衰弱,另一方面又使他们丧失了文化同一性。因此,“菲律宾群岛文明正面临野蛮入侵”这一集体记忆成为谣言生成的强大动力。

与之类似的,末日谣言的再三出现也暗合了末日审判的文化原型。早在20世纪80年代,1999年世界末日的谣言便广为流传,这则谣言引证于16世纪法国一位教士诺查丹玛斯的长诗《诸世纪》:“大镰出现在最高的星位,连接到射手座上,从军队手里播下恶疫、饥馑、死，已经接近了世纪的再生。”这段话被解释为在世纪之交，巨大的宇宙波将袭击地球，导致洪水、饥荒、污染、地球磁极逆转。21 世纪到来后，又出现了广为人知的 2012 末日传说，不少家庭储存蜡烛、食物以抵抗传闻中所说的“三天黑暗”。

零点调查公司曾经就“你是否听说过并相信‘世纪末日’的传言”访问了 1434 位受访者。结果 95% 的人表示听说过“1999 年将发生大灾难”或“1999 年是世纪末日”的传言，37.2% 的人对“世纪末日”谣言完全不相信，36.6% 的人表示“虽然不相信，但心理上多少受一点影响”，10.9% 的人“半信半疑”，表示“完全相信”或“比较相信”这一说法的人占了 15.3%。

四、从经济学角度看谣言的产生：蓄意炮制的谣言

以上三个角度所述均是在个体不明真相的情况下产生的谣言，是一种自发而非自觉的信息活动，其生成过程具有很强的复杂性和多样性。另一种谣言生成过程要简单得多，那就是蓄意炮制的谣言。蓄意炮制的谣言多是个人或群体为牟求利益、哗众取宠或中伤他人而蓄意编造的不实信息，这些信息因为迎合了受众恐惧、气愤、好奇等心理而得到广泛的传播，引发恶劣的社会后果。

【案例】

“周公恐惧流言日”（公元前 1024 年）：周武王病故后，年幼

的太子成王即位，周公代理辅政。周成王的三位叔叔管叔、蔡叔、霍叔出于自己的政治利益，四处散布“周公将不利于孺子”的谣言，称周公欺侮幼主，行将篡位。周公见此情形，只得辞去相位，避居东国，不问政事。

1978 年 2 月 7 日，两个侨居美国以赌博为业的墨西哥人给墨西哥总统写信，声称墨西哥瓦哈卡州的皮诺特帕市将在同年 4 月 23 日发生强烈地震，并引起海啸，随后又有核爆炸。谣言造成大量居民外逃，甚至有人打算趁乱抢劫。直到瓦哈卡州州长及时抵达皮诺特帕市才稳定了局势。

第二节　谣言为什么会广泛传播

你知道吗？

虽然我们很难证明，人类社会形成之初就伴随着谣言的产生，但是，谣言作为一种社会产物，在人类历史的漫长岁月中始终没有消亡，却是一个不争的事实。

一、谣言可能构成特定的信息传播

专业新闻的目的之一便是还原信息的真实性,真实的信息呈现了,就可以消除信息的不确定性。而谣言正是未被证实的,不确定性还未被消除的信息。人们总是试图消除信息的不确定性,探究事实的真相,以帮助人们应对事件。也就是说,只要社会存在不确定性,谣言的存在就不可避免。这也是在信息越来越多,信息传播越来越自由的网络时代,谣言不减反增的原因。网络时代的信息量远大于以往,不确定信息的数量自然也就更多。

美国学者凯瑟琳·弗恩·班克斯指出,我们在享受新科技带来的便捷的同时,也要承担科技使得谣言得以更快更广泛传播的风险,因为网络提供了大量的信息和新闻,但同时也提供了大量的虚假信息和谣言。既然我们早已离不开网络,那么我们就不得不容忍谣言、虚假信息与真实信息同时存在。谣言广泛传播的原因也在于,在信息的真实性没有被确定之前,人们往往将谣言视作真实信息的补充。

有些人理想地认为只要权威信息的发布足够透明,就可以完全杜绝谣言传播。实际上这种幻想几乎不可能实现。在网络传播时代,信息的来源多种多样,信息总量与日俱增,参与信息传播的人遍布全球,信息的不确定性也就愈发明显。真实的新闻信息、小道消息、未被证实的谣言共同构成了我们日常接触的信息的总体。

涩谷保把新闻和谣言并列,他认为,即使是主流渠道的新闻

别夸大啦！最大的恐惧是恐惧本身

也不一定都是客观和真实的。当社会对新闻的需求大于主流渠道所能提供的新闻时,谣言就产生了。

二、谣言是一种扭曲的民意

在政府和组织的管理中,某些决策的出台需要统筹、平衡考虑社会各方、组织各部分的利益和意愿,所以有时候会事先测试公众或员工的接受度,尤其是面对那些左右为难、争论较大的问题。有的“小道消息”就是这种探试民意的“谣言”。民众对于这种“谣言”的反馈意见可以促使政府或组织制定出更加切合实际和符合大众意愿的政策。

在2014年到2015年期间,关于“除夕放假”的网上争论,通过各种谣言的传播和辟谣的过程,收集了民众对春节期间放假方案的意见,为其后放假政策的制订提供了非常有价值的参考依据。

2014年,受有关部门和单位委托,中国人民大学调查中心就春节法定节假日安排以社会抽样调查和网上调查等方式公开征求意见。调查的问卷是:除夕是否放假?选项1.除夕至正月初二;2.正月初一至初三;3.无所谓。据介绍,这项调查属于人大调查中心的非固定调查任务。

此类任务主要受国家机关的委托进行。一名参与该项调查的人大老师表示,对于正在进行中的调查,中心希望低调处理,先把调查做好。调查结果显示,支持除夕放假的人约占受调查者的

71.7%。于是,全国假日办在2015年公布,春节假期从除夕开始。

三、谣言也可能是社交工具

谣言有时候是“为说而说”、找话题的交际工具。人们有时为了在社交中建立起人脉关系,拉近人与人的距离,不经意中传播一些谣言,或者对一些信息进行添油加醋,借以打开彼此交流的话题,表达对亲朋好友的关心。

在现实生活中,我们总是首先将谣言传给我们的亲朋好友,而不是路边的陌生人。

2003年“非典”期间,海带汤、绿豆汤、板蓝根、醋可以防“非典”,放鞭炮可以保平安的谣言,基本上都是通过亲友之间的口耳相传或者通过电话和手机短信来传播的。每个传播谣言的人都在试图向对方传递这样一种信息:你是我最亲近的人,我不希望你受到伤害,但愿我们能一起渡过这个难关。

下面两则关于宇宙射线的谣言末尾也有这样的话:

【今晚关机】重要而紧迫的,新加坡电视已经宣布了这一消息。今天晚上从12:30到凌晨3:30,危险的宇宙射线将会贴近地球而通过。所以,请关掉你的手机,不要让你的手机靠近你的身体,可能会造成损坏。不管真假,第一时间分享给你的人就是关心你的人哦!!

> 今天晚上从 12: 30 到凌晨 3: 30，危险的宇宙射线将会贴近地球而通过。所以，请关掉你的手机，不要让你的手机靠近你的身体，可能会造成损坏（虽不知真假，但希望所有的人好好的）@ 某某 @ 某某

而收到谣言的人也能体会到这种温情脉脉的关爱：“出了一身汗回来几口干掉两盒酸奶，也是挺痛快。快半夜了收到好久都没联系的老友一条今夜极度危险高辐射宇宙射线贴近地球通过，务必关手机的提醒微信，你说你会是啥心情？果断关机先。类似的信息是看得挺多，可这份沉甸甸的惦念绝对可以让精神头儿十足回忆绵绵不绝高能量限制睡眠了。”

一些谣言传播的是假消息和负能量，但这并不意味着谣言传播的就是负面价值观。上述谣言的传播者就是在认同社会主流价值观的前提下虚构、夸大、扭曲事实的。

这时候，如果有人一本正经地要考据和追查谣言的真实性，尤其是当谣言是娱乐性的、无伤大雅的玩笑时，批评谣言的辟谣者就显得不合时宜，更可能被视为不受欢迎的人、扫兴的人。

另外，那些打着“关心”名号的谣言包含着传谣者对某事件的担忧，对亲朋好友的关心。当然，这类谣言产生的背后原因值得警惕，如有的微信公众号为了所谓的转发量或某些商业利益，故意危言耸听，欺骗受众，这类谣言在转发过程中又利用了一些中老年人对亲友的关心心理。如下图所示：

妈，我刚在开车。没听见你打电话！

刚才我看了一篇文章，里面说现在的牛奶啊，里面抗生素超标严重，还有致癌物质，你跟娃赶紧都不要喝了。
我一会把文章给你发过去，你好好看看！赶紧停了……

妈，你刚发的文章我看到了，人家早都已经辟谣了！那个是谣言！

啥谣言！人家里面写得那么清楚，你喝不喝我们不管，赶紧给我孙子先把牛奶停了……
我不跟你说了，我赶紧给你姨妈和你姑她们说一声去！

我们应该看到，人们总是习惯于坚守那些先入为主的观念，天然地抗拒任何令人不悦的知识修正和辟谣行为。尤其是当这是亲人一片好心时，如果你坚持怼回去，一味地批评他们信谣传谣，没有科学常识，很可能不但不能让他们相信科学，反驳谣言，反而会引发一场家庭大战。这时候，首先，我们要向他们表达谢意，说明我们明白他们这么做是出于好意。其次，如果事件紧要，拿出详细的数据、权威专家和机构的辟谣，委婉地提醒和劝告他们不要信谣传谣，不要上当受骗。

第三节 谣言的传播机制

你知道吗？

一名参与2011年“抢盐事件”的网友曾撰文说明自己为何抢盐：

“一整天，‘盐’成了广大国民最主要最重要的话题。目前的状况：一是盐很难买，很多地方断货，买不到；二是即使买得到，也非常之贵，三五块七八块十来块的都有；三是盐不仅贵，买盐还很累，不然怎么叫‘抢’；四是这种状况，不是局部，而是全国，从沿海到内陆，从城市到乡村。

“那么，日本核辐射污染对我国海域到底造成怎样的影响？无从知晓。国家和政府会有怎么样的作为？如何控制时局？我们也无从知晓。我不了解市场上食盐的库存量到底有多少，是否可以应对目前的哄抢和囤积。

“为什么我要去‘抢盐’？因为我不喜欢等盐下锅炒菜，不喜欢为盐奔波，不喜欢为盐排队，不喜欢为盐被宰。所以，我不喜欢我所关心和爱护的人也为盐这么着。瞧，理由就这么简单！”

一、谣言传播的心理学机制

1. 散布谣言的动机

人们在传播信息的过程中，其目的性并不是很强且没有明确倾向性，会使信息内容显得客观，受众倾向于接受这样的信息。

人们传播谣言的目的或动机可归纳为四种：

（1）促进。即希望事态沿着既有的趋势继续往下发展。

（2）反对。出于制止或阻挠的目的劝说他人放弃行为而使事态得到制止。

（3）无关。没有很强的目的倾向性，只是将信息作为娱乐话题在人际交流中供人分享。

（4）其他。以上三种目的之外的其他目的。

人们的既有倾向性会影响他们对谣言的态度。原本持有坚定立场的人在谣言发生时，会保持相对谨慎的态度，而态度不明确的人在谣言产生时，则很容易受到影响。

谣言“编造”出了故事及其情节，谣言的传播者靠发泄自己的情绪，或者按照自己希望表现的“虚拟自我”，自觉或者不自觉地传播着不符合事实的信息，甚至很有可能就是在根本不了解事实真相的情形下篡改或编造、改造信息。在人与人之间的信息传递中，信息从轻微的改变发展到面目全非，以至于再也找不到原始信息的影子。这是因为，人们往往具有根深蒂固的不安全感，而传播谣言，通过说一些与事实不符的话可以缓解自己的怒气和怨愤情绪。在此过程中,他们甚至没有意识到自己说了假话。他们甚至根本就不知道或者不在乎事情的真相,继而靠自己潜意识想到什么就说什么来编造故事。

2. 接受谣言的心理机制

看到并听信谣言的人并不是完全复制接受谣言,他们也有自己的思维。即使是对同样的场景,同样的言语,同样的表情,同样的信息内容,不同的接收者由于受限于自身的环境、身份、经验、习惯、性格、阅历等因素的影响,会产生不同的理解和感受,转而又产生不同的关于所见所闻的信息的传递。对网络中传播的信息来说,也同样如此。网络中的信息没有权威模本,或者有多个模本,简单的复制与粘贴消除了"原版",个人对于收到或接收到的信息进行处理的时候,要么没有操作,要么直接转发,要么加上自己的评论再转发,要么根据自己对信息的诠释,再对其进行删减、增加或者与别的信息重新整合,制造出变异后的新信息。

(1)信息控制和宁信心理

心理学家发现,面对可控的事件,人们首先考虑的是采取行动,改变环境,寻求解决的办法。但当遇到困难,事态不在人们的控制范围内,或者个人的力量无法采取行动、解决问题时,他们就只好试图去理解和解释事件。

当人们获得关于危害自身的事件信息时,会下意识地产生控制和自我保护意识。这些信息包括:该事件会产生怎样的危害,它什么时候发生的,原因是什么,它会经历哪些过程,它会持续多久,等等。

2011年日本大地震导致日本福岛核电站核泄漏事故发生后,欧美部分地区公众开始购买碘片防止核辐射,我国一些地方也出现了抢购碘盐的情况。我国民众排队抢盐的动机,一是因为传说含碘的盐可以防辐射,另外一个原因就是担心海盐遭受日本核辐射污染。很快,全国多地超市的食盐被抢购一空。

(图片来源于网络)

在"抢盐"事件中,38.5%的人将盐的价格会上涨作为他们劝说别人买盐或自己抢盐的理由,23%的人劝说他人买盐或自己买盐所使用的理由是中国的海盐会受到日本辐射的影响。这两个忧虑成为人们劝说他人或自己买盐最主要的原因。这类谣言是因为人们对核辐射感到恐惧,但又无力阻止,只能接受核污染的现实,并试图解释如何避免遭受核辐射影响。

这种有关人们生活的最基本信息的谣言被称为信息类谣言。信息类谣言表现出的正是人们在遭遇了不可控的灾难性事件时,试图了解事件,并确定自己的应对方式,缓解紧张心情的心理状态。信息类谣言同时也可以警示和指导人们的日常生活。大量的关于外部世界形势的信息能让人们对事件有更多的认识,虽然这种认识不一定正确,但也可以指导人们的应对方法和今后的生活。面对这类信息,人们的心理状态就是万一它是真的怎么办。其后果肯定非常严重。所以,宁可信其有,不可信其无,我们必须马上告知家人和朋友。这种“宁可信其有,不可信其无”的心理状态被称为宁信心理,是突发的灾难性危害事件发生后,信息类谣言得以广泛传播的一种常见的心理机制。

(2)归因心理和次级控制

当事件发生时,人们面对不能影响事件的进展或控制事件的程度的状况,会试图解释和理解当前的情况,使心理焦虑得到解释和正当化。这其中解释的环节便是归因。归因理论考察的是人们做出某种行为表面上可察觉的原因,而不是真正作用于人或影响一种结果的决定因素。这只是人们对事实进行合理的想象的结果,想象中的“原因”或“进程”并不一定是事实。在“抢盐”事件中,由日本的核泄漏联想到核泄漏会污染海水,而海盐是从海水中提炼制作的,所以,海盐也肯定会受到核污染,如果没有海盐,盐的供应肯定会受到影响,于是大家赶快去买盐吧。另一方面,盐还能防辐射。这就为人们抢盐,并劝说亲戚朋友抢盐提供了合理的动因解释。

(3)偏颇吸收,固执己见

有时候,我们对错误观点的纠正反而会强化另一些人对错误观点的坚持。学者们称这种现象为“偏颇吸收”,即人们都会按照自己的偏好和已有立场,选择性吸收信息。桑斯坦在《谣言》一书中说,人们总是按照自己的既有观念、知识和喜好、利益关系来接触和接受信息、观念和说法。如果这些信息、观念和说法与自己的既有观念和价值取向一致,人们就容易吸收和认同这些信息、观念和说法;如果不一致,他们也会坚持自己的想法,尽力反证与自己想法不一致的信息,甚至更加极端地反对这些信息、观念和说法。因此,人们一旦相信了某个谣言,就很难再改变自己认定的观点,即便听到辟谣信息,也很难动摇他们的观念。

西方有一个著名的“偏颇吸收”案例:公元前413年的西西里之战,雅典海军死伤惨重。一个幸存者带着他的奴隶逃回了雅典。在理发店,他的奴隶将战事告诉了理发师。理发师大急,奔到6公里外的雅典城通知。雅典人惊慌过后开始盘问。理发师说不出消息来源,于是被绑在车轮上。“理发师就是爱嚼舌头!”雅典人说。不久消息被证实,雅典人四散奔逃,理发师依旧被缚在车轮上。

3. 最接近需求至上

也许谣言的传播是因为人们趋利避害的心理,但在转化为行动时,人们的目的不一定与谣言的传播动因完全一致,更多的是考虑自身最直接的实际利益,即最接近的需求。如果谣言涉及的事件与个人的切身利益没有直接关系,人们虽然会继续传播谣言,但很少会直接转化为现实行动。

根据调查，在“抢盐”事件中，被问及买盐的目的时，有 69.2% 的人是担心其他人将市场上的盐买完了，因此买一些备用；15.4% 的人是为了实际生活的需要，而只有 7.7% 的人是为了防辐射，还有人是因为别人都在买所以来买。在整个信息传播的过程中，虽然谣言的最初形式是食盐可以防辐射，但在人们的实际购买行为中，其购买目的却不完全表现于此，人们更多的是担心食盐被其他听信谣言的人买完，自己无盐可用。这一担心自己利益受损的心理导致了人们的实际购买行为。

而在“外地人偷抢孩子”的谣言传播中，虽然人们也会四处转发谣言，但并不会草木皆兵，看见开面包车的外地人就报警。

在一个谣言产生、发展、行动直至最终消失的整个过程中，人们自身的实际利益是影响谣言传播和转化为实际行动最关键的因素。

二、谣言传播的新闻传播学机制

谣言的产生与传播也属于一种信息传播活动，为了更直观、更清晰，或者说更具流程化、模式化地提炼出谣言的产生和传播机制，我们不妨通过对比一条专业新闻的产生和传播机制来分析。虽然二者存在明显差异，但这种比较既可以帮助我们认清谣言产生、传播和扩散的一般性规律，还能够在对比中看出作为一种信息的“谣言”是如何一步步偏离真实信息的轨道的，也便于从影响信息传播过程的各要素来探究谣言究竟是如何被制造出来的。

A. 传统媒体时代

一条专业新闻的产生和传播机制：

变动产生 —— 通讯员或信息源联系媒体记者 —— 记者结合媒体受众定位、新闻价值要素等进行判断和选择新闻采写角度 —— 记者采访、写稿 —— 版面编辑“把关”修改核实 —— 总编辑“把关”审查核实 —— 新闻刊发 —— 报纸等媒介产品发行 —— 到达受众。

谣言的产生和传播机制：

变动产生（事实模糊）—— 人际间扩散（以口头传播为主）—— 模糊的事实信息被人为“丰富”或扭曲 —— 引起大范围的关注，在人际传播之外，增添群体传播（大众传播、官方渠道失语）—— 影响面更广，模糊的事实更加“走样”—— 引发群体性行为 —— 官方澄清或者证实 —— 谣言消解。

B. 网络传播时代

·条专业新闻的产生和传播机制：

变动产生 —— 媒体记者和消息源互动 —— 记者结合媒体受众定位、新闻价值要素等判断和选择新闻采写角度 —— 记者采访、将消息生产成适合在不同媒介平台刊发的产品 —— 各媒介平台的编辑“把关”审核 —— 新闻“上网”—— 到达受众 —— 受众通过评论、转发、点赞等形式与媒体互动。

谣言的产生和传播机制：

变动产生（事实模糊、事实公共性强）—— 通过社交媒体进行人际间扩散（更多样化的传播途径）—— 模糊的事实信息被人为"丰富"—— 真实世界、网络世界交互影响，引起更大范围的关注，在人际传播之外，增添群体传播（大众传播、官方渠道失语）—— 影响面更广，模糊事实更加"走样"—— 引发群体性行为 —— 官方澄清、证实 —— 谣言消解。

我们可以发现，专业新闻的产生有一个重要环节：记者选择、编辑"把关"。不论是传统媒体时代还是网络传播时代，专业新闻的制作生产都要经过这些新闻工作者的过滤或筛选，才能同公众见面，所以他们便是信息传播的"把关人"。"把关人"（gatekeeper）这个概念最早是由美国社会心理学家、传播学家库尔特·卢因在《群体生活的渠道》一文中提出的。卢因认为，"信息总是沿着含有门区的某些渠道流动，在那里，或是根据公正无私的规定，或是根据'把关人'的个人意见，对信息或商品是否被允许进入渠道或继续在渠道里流动做出决定"。"把关人"既可能是单个的人，如信息源、记者、编辑等，也可能是媒介组织。在专业新闻的采写传播中，职业新闻工作者要承担过滤、核实、编码等功能。他们从政治、经济、文化、审美、社会共同意识（社会道德、价值观、利益等）及自身利益等出发，对新闻信息进行层层筛选、审核与编码，从而决定最终与受众见面的新闻信息内容和新闻呈现方式，并通过发出的新闻信息影响受众价值判断，进而影响社会舆论。因此，在专业性媒体的运作过程中，“把关人”体现出权威性、规范性和专业性的特点，其作用极其重要，决定专业新闻的最终形态。

根据中华全国新闻工作者协会（中国记协）2017年5月31日通过官网正式发布的《中国新闻事业发展报告（2016年）》，截至2016年年底，全国共有223925名记者持有有效的新闻记者证，其中报纸记者84130人，期刊记者6007人，通讯社记者2801人，电台、电视台和新闻电影制片厂记者129829人，新闻网站记者1158人。

另外，截至2016年6月，我国网民规模达到7.1亿，也就是说，我国有7.1亿理论上的网络自由人，他们的发言是自我“把关”，信息的传播很少经过过滤和筛选、审核、编码。

网络传播技术极大地改变了人类传播信息的方式及内容。从理论上和技术上讲，在网络中，每个人都有可能不受政治、意识形态、技术、文字和逻辑能力、经济能力的严格限制，真正实现个人的表达自由和言论自由。网民在互联网上拥有更多的信息自主权，既可以自己选择以何种方式获得信息，获取哪类信息，也可以随时主动发表自己的意见，或对接收到的信息做出反馈。这种自由获取和自由表达使得专业性的“把关”无从谈起。网络传播技术对国家主权的强渗透性，网络中海量信息的传播，网络传播的快捷和廉价也大大降低了“把关”的可能性。在技术上，网络“闭关”和“屏蔽”是不可能的，信息可以自由地在全球所有网络中流动。网络传播平台的工作人员不可能也没有精力从浩若烟海的信息中准确筛选信息,也不太可能在第一时间预知和阻止谣言、煽动性信息的发表。而等到谣言或危害性、煽动性信息广泛传播,造成不良社会后果后,再来删帖或辟谣,就为时已晚了。

谣言实际上是一种信息,具有新闻传播的特点,遵循着信息传播的规律。新闻传播一般与传播环境、传播者、传播途径和传播过程有关。

1. 传播环境:无风不起浪

任何信息的传播都是在一定的传播环境中完成的。谣言也是以某种背景为前提的。仍以 2011 年抢购碘盐事件为例,从事实背景来说,日本 9 级大地震,核电站爆炸,中国与日本一衣带水,中国人担心核辐射危机,生活在恐慌之中。同时,一些诸如“海水已污染,食盐供应将紧张”“日本核泄漏已经威胁中国,赶快抢购‘碘盐’应对核辐射”“‘超级月亮’可能引发更大地震”等谣言层出不穷。从经验背景来说,根据国人以往的经验和专家的提醒,吃含碘盐能提高人体抗辐射能力。

用美国学者柴普 · 希斯的话说,经久不衰的谣言中含有一些“可检验证据”,谣言中的某些元素在被曲解之后似乎为其增加了一丝可信度。“谣言中常常会有一些检验真假的内容,可以让受众去尝试。”

关于转基因食品,有一则谣言广泛流传:“条形码以‘8’开头的即为转基因食品。”实际上,食品是否是转基因在条形码上是看不出来的。目前世界上还没有关于转基因食品的特殊编码。商品上印刷的条码是商品码,全世界通用的EAN-13码型,编码的前7位为厂商识别代码,即表示产品来自哪个国家、地区及企业,而第8到12位数字则是位置参考代码,即产品的出产地址,最后一位为识别码,这是供零售商销售时使用的,登录中国物品编码中心网站即可查询,其中并没有哪一位代码与是否为转基因食品相关。

虽然这是一则假消息,但人们的确可以在食品的包装上看到以8开头的条形码。这种真假参半的谣言更容易获取人们的信任。

2. 传播者:各有打算

谣言是复杂社会心理现象的一面镜子。在人际传播大行其道之时,人人都有可能成为信息提供者。从“抢盐”事件中可以看出,网络谣言与以往传播方式不同,起关键作用的不是互联网上陌生人之间的转发,而是亲朋好友的“善意提醒”:食盐不贵,买多了问题不大,买少了问题却不少。人际传播作为巩固情感纽带的一种方式,加速了谣言的传播。现实中的谣言传播链条严重依赖人际传播。法国学者让-诺埃尔·卡普费雷在他的《谣言——世界最古老的传媒》一书中说:“谣言并不是从陌生人那儿得来的,恰恰相反,是从我们熟悉的人那里来的。”

而对有意造谣者或别有用心者来说,其造谣的心理往往更加复杂:不安、谋利、寻衅滋事、破坏社会秩序等。

3. 传播途径:大道不传小道传

媒体的高可信度和信息传播途径的通畅是保证信息真实性的重要因素。当灾难性事件发生后,民众有第一时间得到信息的需求。当通信中断、信息模糊不清时,人们从权威、正规传播途径得不到确切的消息,小道消息便开始传播,出现了大道不传小道传的现象。在一般情况下,正式传播渠道与谣言传播的非正式渠道是此消彼长的关系。2011 年的日本大地震,无论是广播、电视还是报纸的报道,都侧重于地震给日本带来的惨重打击、地震的原因分析,以及日本政府的救援、灾民的生活、全球各界人士的救援情况等,而对于福岛核泄漏只限于简单的陈诉性报道。随着日本震后核危机的加剧,官方及媒体仍旧把注意力放在核泄漏本身上,并没有对核污染的影响范围、危害程度做解释,无法缓解公众的担忧,才致使谣言疯狂传播。

4. 传播过程:简化 — 锐化 — 添加

在奥尔波特的《谣言心理学》中,他把谣言在传播过程中内容的变异过程概括为“简化 — 锐化 — 添加”三步演变。简化:在谣言传播的初期,大量的细节会被省略,人们对内容只能记住大概,这时的谣言具有简单、易于理解和叙述、易于传播的特性。锐化:谣言的听闻者主观地保留或删除谣言的内容,导致谣言的部分细节被放大,更容易给人留下深刻的印象。添加:随着谣言不断被传播,经过内容上各种演化后的谣言,可能增加了新的细节,传谣者此时根据自己的思维和态度对谣言内容进行修改或添加,使其符合传谣者的逻辑和认知,使谣言变得更加充实、更加丰富,也更加可信。

我们以微博各项功能的使用为例,来看看谣言的传播过程。

第一,关注功能。使用者完全按照自己的意愿、兴趣和价值取向来选择关注谁,既可以不用经过对方同意就成为其“粉丝”,也可以双方互相关注,实现一对多、多对多的多元性和开放式的信息交换。

第二,原创功能。微博用户使用文字、图片、视频、链接来传递信息、发表意见。于是,让人更容易相信的“有图有真相”“有视频有真相”的网络谣言大行其道,使人们难以分辨事实和谣言,稍有不慎便充当了网络谣言的传播者。

第三,评论功能。与传统媒体不同,网络媒体的出现改变了传受双方的不平等。当原创者发出信息后,受众能够即时进行反馈,并且对这些信息加以纠正。微博的评论功能,使得受众不再因地位、阶层、职业等的不平等而丧失话语权。不论是拥有千万粉丝的大V还是普通草根阶层,都能在评论功能中以相对平等的方式相互探讨甚至争论。此功能可以对应网络谣言传播的“添加”作用。

第四,转发功能。转发分为不带任何文字或表情评论的直接转发和带有微博用户主观思考判断的带评论转发。无评论转发终止了网络谣言传播中的“简化”。而带评论转发实现了网络谣言传播中的“添加”作用。我们常说,转发即态度。网络用户在传谣过程中会依据自己的观念,对信息添加带有其个体烙印的评论,由此消除网络谣言或使网络谣言得以继续传播,甚至衍生出新的网络谣言。

第五,发起或参与微话题。信息爆炸的时代,个人接触信息的面实际上越来越窄。微博的关注功能就是议程设置的过程,人们只接收他们想接收的信息。大家可以看一看自己的微博,上面关注的人多半是与你自己的兴趣和价值观一致的人。微博用户发起或参与微话题,可以有效地把对同一类话题感兴趣的传播者与信息接收者集合起来。此功能对应网络谣言传播的“锐化”作用,是对网络谣言的内容进行有选择的传播,被剔除的信息在网络谣言二次传播过程中消失,而被保留的信息在网络谣言的二次传播中放大,从而吸引更多微博用户的注意力。

三、谣言传播的社会学机制

1. 社交需要

常人皆有窥视欲和传播癖,那些异乎寻常的、荒诞和罕见的消息, 往往会使人感兴趣、吃惊甚至激动, 以至于要急急地传播它, 与人分享这种兴奋。社会心理学家奥尔波特认为,在日常生活中, 大部分社交谈话包含着谣传, 各种有根据或无根据的小道消息, 往往是向对话者表达一种含糊的友好感觉。交换谣言甚至是维系人际关系的一种方式,是维持社会联系的绝好纽带,有时是一种大众娱乐方式。在现实生活中,我们几乎不会与陌生人、关系不好的人讨论小道消息,而是与好朋友交换有趣的、惊悚的谣言,加强与朋友的亲密关系。在网络世界中,人们通过向社交圈提供“奇异信息”获得社交圈内信息领导者的地位,获得一种社交满足感,这也是一些谣言可以大范围传播的原因之一。

2. 经营牟利的需要

当今传播技术的发达,使注意力成为重要的经济资源,这也使谣言传播中的经济动因非常突出,谣言可能成为某些人用以牟取不当利益的手段。从其体现方式看,网络水军就是突出代表。一些公司雇用网络水军进行公关或抹黑商业对手,使市场竞争失序。另外,在自媒体平台上,粉丝量巨大的“大 V”们也具有明显的商业价值,一些人依靠迎合受众心理进行炒作,在形成一定影响力之后,再以收费的方式发布隐形广告或通过其他渠道牟取利益。

在一些热点社会事件中,我们常常会提到一个人群:网络水军。网络水军即受雇于网络公关公司,以发帖回帖为主要手段,为雇主进行网络造势的网络人员。网络公关公司雇用“发帖手”为企业和个人提供品牌炒作、产品营销、口碑维护、危机公关等服务。传统水军仅仅是在论坛大量灌水,现代水军已系统化规模化。按工作分类,网络水军主要可分成打击竞品的“网络打手”类营销水军和仅提供口碑维护的“捧人推手”类营销水军。在社交媒体,如微博、微信等发展起来之后,水军形成了完整的公司经营体系,出现了众多的水军公关公司。水军们十分了解公众的信息需求,深谙如何迎合网民们的兴趣与情绪,通过“借势”和“造势”达到营销目的。有些公司甚至为了吸引浏览量、关注度,恶意制造谣言,诋毁、攻击对手。

2012年贺岁档期,《一九四二》和《王的盛宴》两部电影撞上了档期。为了票房,双方上演了水军大战,互泼脏水。更加凑巧的是,两边的公关团队找的是同一家水军公司。这个公司每天组织人手一边骂《一九四二》是大烂片,一边骂《王的盛宴》不堪入目。《王的盛宴》的导演陆川在微博上公开承认雇用了水军,并辩解这是为了维护影片口碑的不得已做法。最终,这场互撕并未能维护两部影片的口碑,两部影片的评分都跌入谷底,却让水军团队获利50万元。

水军造谣传谣大多是“靠谣吃谣”,从谣言的传播中获取直接或间接的经济利益。例如,著名水军“立二拆四”创立的网络推手公司,先利用谣言来引起网民对“立二拆四”这个账号的关注,在账号有了一定的影响力后,再让这个账号制造热点为企业营销。再如,“网络维权斗士”周禄宝蓄意发布造谣帖子,对相关企业进行敲诈勒索,借此牟利。

2013年11月,复旦大学公共卫生学院环境卫生教研室主任宋伟民教授的一项研究结果在网上被大肆传播:研究通过大鼠解剖后发现,PM2.5对照组大鼠经过隔天滴注总计6天后,肺组织变硬,缺乏弹性,呈暗红色,边缘色泽灰白,肺组织有明显可见的黑色颗粒物弥散,俗称“黑肺”。研究项目组负责人、复旦大学公共卫生学院环境卫生教研室主任、博士生导师宋伟民教授在接受采访时表示,“PM2.5 颗粒对肺的损伤一旦形成,治疗的药物成本和时间成本就会大大增加,如果形成‘黑肺’,彻底消除的难度大大增加,几乎无逆转可能”。研究发现,事先使用潘高寿蜜炼川贝枇杷膏、治咳川贝枇杷露一定剂量对大鼠进行连续灌胃给药后的预防组大鼠,其肺部颗粒物弥散现象减弱,且色泽逐渐由灰白色偏向于鲜红色。

这则报道在网络上的大肆传播就疑似水军的“植入广告”。因为报道强调了某品牌川贝枇杷膏和枇杷露两种止咳的具体药物,并称该“药物对 PM2.5 引起的呼吸道毒作用均具有明显的预防和治疗作用”。

《光明日报》记者则在 2013 年 11 月 19 日采访宋伟民时得知,宋伟民的研究课题是“关于两种止咳药物对预防和治疗大气 PM2.5 对呼吸道毒害作用的研究”,其目的是通过动物实验,观察两种止咳药物对 PM2.5 暴露所导致的大鼠肺损伤有何预防和治疗作用。该报道明确表明,“雾霾可使鲜肺 6 天变黑肺,一旦形成无法逆转”的说法没有得到当事人宋伟民的认可,并表示该说法太过夸张。

央视的《焦点访谈》曾批评水军是“网络黑社会”“网络流氓”。

网络水军依托社交媒体平台,制造、散布某些经过刻意编排的信息。而传统媒体和官方网站有时候为了迎合受众兴趣,抢发新闻,忽略了对信息的核实,简单盲目地转发水军的信息,往往会成为虚假、夸大的谣言扩散的帮凶。而传统媒体、官方网站强大的影响力和广泛的传播力,进一步扩大了谣言的影响,提高了公众对于谣言的信任度。

有一些谣言是造谣者出于猎奇或者泄愤心理,表达对某些社会现象的不满,本质上来讲是一种社会情绪的宣泄;有些传谣者纯属娱乐或跟风。对于有组织地网络造谣和个人跟风式的传谣,还是需要认真甄别,区别对待。

章节提问与实践

玩一玩传话游戏。五个人一组,每组的第一个同学抽一张纸条,记住纸条上的话,回到自己的位子上。第一个同学把纸条上的话悄悄传给第二个同学,一个一个传下去。哪一组最先传完,并且最后一个同学公布的答案正确,哪一组就是优胜小组。注意每人只能说一遍。说多遍或者忘了的同学主动退出游戏。

第四章 谣言的社会危害

主题导航

1. 谣言破坏社会信任机制
2. 谣言扰乱社会正常秩序
3. 谣言引发舆论暴力，侵害个体权利
4. 谣言危害国家安全

网络的迅猛发展在给我们带来便捷快速的信息交流的同时，也使谣言传播“提速”。随着移动终端、即时通信工具和微博的兴起，网络谣言也呈激增之势。借助现代通信技术，网络谣言突破了特定人群、特定时空、特定范围，形成了裂变式传播。谣言带来的危害也不再局限于某一人群或地区，而是辐射到每一个人、整个社会。

第一节 谣言破坏社会信任机制

你知道吗？

根据大数据分析，对于网络谣言的态度，有48%的人选择“宁可信其有”，仅有21%的人表示坚决抵制，还有6%的人完全没有意识到自己看过或者分享过谣言。有60.4%的人表示参与过谣言的转发分享，没有参与的仅占39.6%。真正举报过谣言的人仅仅占到了7.4%。

在事实真相得以公开呈现之前，谣言的广泛传播会在社会成员之中形成一种先入为主的偏见，这种偏见有可能衍化出一股强烈的抵触情绪，使得事实真相最后并不被人们接受，从而造成真相得不到彰显，群体之间形成隔阂甚至对立的结果。我们知道，相当长一段时间以来，网络社会流传着一种不成文的共识，即“谣言最后都成真了，辟谣最后都被证伪了”，因此，老百姓都成“老不信”了。

由于根深蒂固的“捂盖子”思维，面对造成重大社会影响的事件，负有解释义务的主要责任方要么一味逃避，不解释不澄清不说明，要么摆出一副高高在上的姿态，掩盖真相。久而久之，社会公信力濒临破产，谣言盛行。而对于谣言形成的压力，主要责任方总是百般辩解，甚至给出完全轻视百姓智商的“神回复”，这也使得谣言愈加赢得民众的认可。

2008 年 5 月 20—21 日，有网民发帖质疑三鹿奶粉的质量，指该奶粉导致他女儿小便异常。三鹿集团地区经理以四箱新奶粉说服该网民删除了有关帖子。但是，据“三鹿内部邮件”显示：2008 年 8 月 1 日送检的 16 个婴幼儿奶粉样品，15 个样品中检出了三聚氰胺的成分。三鹿集团并未因此召回问题产品，向公众公开产品问题并道歉，而是与互联网搜索引擎公司合作，屏蔽与三鹿集团有关的负面信息。2008 年 9 月，全国各地发现多起患儿因食用三鹿奶粉导致肾结石案例。2008 年 9 月 11 日，新民网连线三鹿集团传媒部，三鹿集团仍然否认这些婴儿是因为吃了三鹿奶粉而致病。但同一天晚上，三鹿集团承认经公司自检发现，2008 年 8 月 6 日前出厂的部分批次三鹿婴幼儿奶粉曾受到三聚氰胺的污染。

北京大学社会发展研究所副教授王文章说，这些“先否后肯”大多是在未经调查的基础上就先习惯性“辟谣”。说白了，是期待以政府、企业、组织公信力为其背书，“一锤定音”“以正视听”。如此“辟谣”，信息的不透明程度当然是低下的，社会的公信力就在一次次虚假辟谣中被消耗了。

第二节 谣言扰乱社会正常秩序

你知道吗？

2011年2月9日晚10时许，刘某给响水生态化工园区新建绿利来化工厂送土过程中，发现厂区一车间冒热气，在未核实真相的情况下，即打电话告诉其正在打牌的朋友桑某，称绿利来厂区有氯气泄漏，告知快跑。桑某等在场的20余人，即通知各自亲友转移避难。在传播过程中，绿利来化工厂被置换为园区内另一家企业大和氯碱厂，而事件程度也在人们口耳相传中愈发严重，最终导致了一场万人大逃亡。11日凌晨4时左右，由于下雪天黑路滑，双港镇居委会八组群众10多人乘坐的一辆改制农用车滑入河中，2人当场死亡，另有5人受伤，送至医院后，其中2人抢救无效死亡。2月12日，编造、故意传播虚假恐怖信息的犯罪嫌疑人刘某、殷某被刑事拘留，违法行为人朱某、陈某被行政拘留。

一、破坏经济、社会生活

一度盛行的“蛆橘事件”,让全国柑橘严重滞销。

“告诉家人、同学、朋友暂时别吃橘子！今年广元的橘子在剥了皮后的白须上发现小蛆状的病虫。四川埋了一大批,还撒了石灰……”2008年的一条短信这样说。从一部手机到另一部手机,这条短信不知道被转发了多少遍。此间,又有媒体报道了“某地发现生虫橘子”的新闻,虽然语焉不详,但被网络转载后再度加剧了人们的恐慌。

自2008年10月下旬起,这个谣言导致了一场危机:仅次于苹果的中国第二大水果柑橘严重滞销。在H省,大约七成柑橘无人问津,损失或达15亿元。在B市最大的水果批发市场,商贩们开始贱卖橘子,21日还卖每斤0.8—1元,次日价格只剩一半。J市,有商贩为了证明自己的橘子无虫,一天要吃6至7斤橘子“示众”。

10月21日,当传言已经严重影响全国部分地区的橘子销售时,四川省农业厅对此事件首次召开新闻通气会,并表示,此次柑橘大实蝇疫情仅限于旺苍县,全省尚未发现新的疫情点,并且该县蛆果已全部摘除,落果全部深埋处理,疫情已得到很好控制。

类似的纸馅包子事件、香蕉致癌、葡萄避孕等谣言无一例外地给社会带来了恐慌,造成了相关产品的大规模滞销,严重扰乱了社会正常生活。

二、传播恐怖主义思想

恐怖组织也利用网络宣传其极端观点，招募同伴。恐怖分子在网络上散布极端主义的文字、视频、图片，吸引有相同观点的人们，将他们组成独立的讨论小组，在讨论中形成群体极化效应，让本是平民百姓的人们采取暴力恐怖主义行动。

据英国智库 Demos 的研究显示，早在 1999 年，世界各大恐怖组织就已在网络上进行活动。到 2005 年前后，大多数恐怖组织意识到网络互动对于宣传的重要性，开始对其网站进行改造转型，简化了冗长的宗教教义，添加了简单易懂的口号、富有煽动性的视频等。现在，以 Twitter（推特）和 Facebook（脸书）为代表的具有高度互动性的社交媒体渐渐成为恐怖主义宣传教义、招募战士、传播信息、组织恐怖袭击的主要交流平台。德国饶舌歌手 Deso Dogg 就是"伊斯兰国"（ISIS）在德国的招牌之一。Deso Dogg 在 2010 年的一场严重车祸后皈依伊斯兰教，2011 年，他成为一名伊斯兰激进分子。当时他看到了一段美国士兵强奸一名穆斯林女性的视频，怒不可遏，他说穆斯林群体遭受了太多的不公和压迫，他要为穆斯林报仇。但他所看到的视频随后被证实是伪造的。2012 年，他进入叙利亚，正式成为"伊斯兰国"恐怖组织的一员。在叙利亚，他被称为阿布 · 塔尔哈 · 阿曼尼。他曾写歌高度赞扬本 · 拉登，在他的一部 MV 中，用割喉的动作威胁美国前总统奥巴马。

第三节 谣言引发舆论暴力，侵害个体权利

你知道吗？

阮玲玉（1910 年 4 月 26 日—1935 年 3 月 8 日），中国无声电影时期影星之一，代表中国无声电影时期表演艺术最高水平，被誉为“中国的英格丽·褒曼”。阮玲玉成名后陷于同张达民和唐季珊的名誉诬陷纠纷案，于 1935 年 3 月 8 日服安眠药自尽。噩耗传来震惊电影界，各方唁电不可胜数，上海 20 余万民众走上街头为其送葬，队伍绵延三里。鲁迅曾为此撰文《论人言可畏》指出：“她的自杀，和新闻记者有关，也是真的。”

一、利用谣言勒索财物

我们先来看看最高人民法院和最高人民检察院关于打击网络谣言的司法解释中的一个内容。解释规定：以在信息网络上发布、删除等方式处理网络信息为由，威胁、要挟他人，索取公私财物，数额较大，或者多次实施上述行为的，以敲诈勒索罪定罪处罚。

最高人民法院负责人解释称，目前，一些不法分子在网站上发布涉及被害人或者被害单位的负面信息，或者上网收集与被害人、被害单位有关的负面信息，并主动联系被害人、被害单位，以帮助删帖、“沉底”为由，向被害人、被害单位索取财物。此类犯罪的表现形式主要有两种，即“发帖型”敲诈和“删帖型”敲诈。前者是以将要发布负面信息相要挟，要求被害人、被害单位交付财物；后者则先在信息网络上散布负面信息，再以删帖为由要挟被害人、被害单位交付财物。此类行为实质上是行为人以非法占有为目的，借助信息网络对他人实施威胁、要挟，使得被害人、被害单位基于恐惧或者因为承受某种压力而被迫交付财物，符合敲诈勒索罪的构成要件，应当以敲诈勒索罪定罪处罚。这个司法解释，很好地印证了谣言被作为一种“舆论武器”“舆论暴力”的工具色彩。

2015 年 5 月，H 省 Q 县公安局破获一起特大有偿删帖案，全国22个省市近2000人涉案,涉案金额超过5000万元。抓捕归案10人,上网追逃5人。

二、网络暴力的工具

除了有偿删帖、发帖,网络暴力也是屡禁不绝的一种谣言传播方式。

曾获选为2014新宅男女神的台湾艺人杨又颖(Cindy),2015年4月21日在家中自杀。一张写满霸凌委屈的遗书,控诉着外界长期的无端指控和言论压迫,为自己年轻的生命做最后的呐喊。其实在杨又颖生前就有网友在知名专页"XOXO Gossip Girl"爆料,指她酗酒又出卖身体。对于负面传闻,Cindy澄清:"我私下并无酗酒的习惯,也没有因为任何目的出卖自己的身体,我知道公众人物需要承受这些子虚乌有,谢谢指教我的人,我往后会更加注意自己的言行,虚心检讨每个对我的建议。"但这并未能阻止网友的匿名谩骂。4月23日,杨又颖的哥哥在台湾召开记者会,坦言妹妹在人际关系方面受挫,回家偶有激烈的情绪反应。同时证实其生前因工作压力和流言纷扰,不但睡眠出现问题,更有精神不稳定的状况出现。

我国并没有关于网络暴力、网络欺凌的法律。网络上的谩骂、抹黑、侮辱侵害了公民的名誉权,当事人可以诽谤罪提起刑事诉讼。但由于相关法律法规的缺失,对网络暴力的定罪和惩处模糊不清。

火眼金睛，识破原形

第四节　谣言危害国家安全

你知道吗？

《美国法典》第18卷第1部分第115章“叛国、煽动和煽动性行为”，第2385节“主张颠覆政府”（节录）：

任何符合以下情况的人，当判处罚金或20年以下监禁，或二者兼科；并在犯罪后5年内不得为任何政府机构录用。

1. 任何人，明知或蓄意煽动、怂恿、建议或教育（人们）说：通过暴力或暗杀官员的方式去颠覆破坏联邦、州政府，是（人们的）责任、必要的、急迫的或正当的。

2. 任何人，以颠覆或破坏上述政府为目的，打印、出版、编辑、发行、传播、出售、散发或公开放印任何手写品或印刷品，主张、建议或教育（人们）说：用暴力颠覆或破坏美国政府是（人们的）责任、必要的、急迫的或正当的。或者以上这些行为的未遂犯。

《中华人民共和国刑法》第一百零五条第一款：组织、策划、实施颠覆国家政权、推翻社会主义制度的，对首要分子或者罪行重大的，处无期徒刑或者十年以上有期徒刑；对积极参加的，处三年以上十年以下有期徒刑；对其他参加的，处三年以下有期徒刑、拘役、管制或者剥夺政治权利。

一、制造恐慌，煽动民族仇恨

2014 年 7 月，X 省某足浴店 22 岁打工仔通过道听途说和收听境外电台不实消息，散布谣言“S 县‘7・28’案件死亡 3000 —5000 人”，并于 7 月 31 日、8 月 1 日两次在境外社交网站 Facebook 上发布该谣言，后被警方刑事拘留。

【谣言】

7 月 28 日，S 县艾力西湖镇 3 个村子的妇女为迎接肉孜节集会，有异教徒给汉族人报信，武警部队迅速赶到聚集地将妇女和孩子全部击毙，大约有 50 人。随后，该村伊玛目开车从早到晚在附近的几个村子演讲号召大家要“圣战”。汉族人立即组织武警部队镇压群众，对 3 个村进行轰炸 …… 死亡人数可能达到 3000 —5000 人。

【真相】

2014 年 7 月 28 日凌晨，S 县发生一起严重暴力恐怖袭击案件。一伙暴徒持刀斧袭击艾力西湖镇政府、派出所，并有部分暴徒窜至荒地镇，打砸焚烧过往车辆，砍杀无辜群众，案件造成无辜群众 37 人死亡（其中汉族 35 人、维吾尔族 2 人），13 人受伤，31

辆车被打砸,其中6辆被烧。

这是一起典型的散布暴力恐怖主义情绪的谣言。造谣者一方面希望用谣言制造恐怖气氛,另一方面企图用谣言煽动各民族之间的仇恨与分歧,达到分裂国家的目的。

二、煽动反政府情绪

柬埔寨与越南和泰国的边界领土争端存在已久,柬埔寨常申诉这两个较大的邻国侵犯其领土,其国民对越、泰也大多心存猜忌。

2016年4月,柬埔寨政府逮捕一名反对党议员,指控他在社交媒体张贴具有误导性的地图,企图让人误以为柬埔寨向越南割让土地。另一名救国党议员洪索胡被指控在Facebook上发布经过篡改的柬越边境协议,将一条款内容改为“两国承诺将协商取消两国的边界线”。反对党多年来指责洪森政府出卖国家利益,导致柬埔寨部分领土被越南侵占,欲借此煽动反政府情绪。

三、西方势力意图反华

2013年10月,B市发生恐怖袭击。12月,新疆S县再次发生暴力恐怖袭击事件。

美国媒体CNN将B市恐怖袭击事件称为“绝望的呐喊”,将新疆地区恐袭的恐怖分子称为“民众”，并扭曲真相，将恐怖袭击的原因归结为汉族人抢了维吾尔族人的工作机会。“几十年来汉族人一波波地涌入，跟维吾尔族的关系日益紧张。而中国当局对涉及维吾尔族人的暴力事件的严厉镇压加剧了仇恨情绪……新疆暴力冲突的细节往往很模糊。散居的维吾尔族群体，如‘世维会’（注：新疆分裂组织，全称‘世界维吾尔代表大会’，于2004年4月在德国慕尼黑成立，是在原有的‘世维青年代表大会’和‘东突民族代表大会’基础上改组构成。2003年12月，‘世维青年代表大会’被我国公安部确定为恐怖组织，随后自行解散，开始全面融入‘世维会’），一直谴责中国政府对这类事件缺乏透明度。”

这些报道用意识形态分歧，歪曲事实真相，误导了世界对中国的看法。有些外国网民回复：“维吾尔族人不是恐怖分子，维吾尔族人是中国公民。”“因为这是中国，我们就不能叫他们恐怖分子。”显然，这些网民受到了错误言论和谣言的影响，失去了判断力，需要我们用事实、真相去正视听，明是非。

这种带有明显反华意图的谣言以反对中国、阴谋颠覆中国政府为目的，将制造暴力袭击的恐怖分子打造成受迫害者，将恐怖袭击的原因归责于中国政府，对事实真相视而不见，甚至故意歪曲，其行径卑劣无耻至极。

章节提问与实践

1. 谣言有哪些危害性?

2. 翻一翻你的微信朋友圈,如果在里面发现谣言,你该怎么办呢?

第五章 如何识别谣言

主题导航

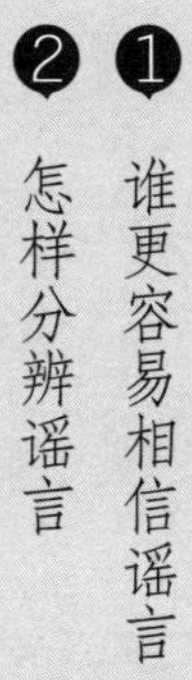

1. 谁更容易相信谣言
2. 怎样分辨谣言

我们常说“群众的眼睛是雪亮的”，面对谣言时却不是每个人都能保持理性，从而识别谣言与真相。《战国策·魏策》中有一则故事：庞葱要陪太子到邯郸去做人质，庞葱问魏王：“现在，如果有一个人说大街上有老虎，您相信吗？”“魏王说：“不相信。”庞葱说：“如果是两个人说呢？”魏王说：“那我就要疑惑了。”庞葱又说：“如果增加到三个人呢，大王相信吗？”魏王说：“我相信了。”庞葱说：“大街上不会有老虎那是很清楚的，但是三个人说有老虎，就像真有老虎了。如今邯郸离大梁，比我们到街市远得多，而毁谤我的人超过了三个。希望您能明察秋毫。”魏王说：“我知道该怎么办。”于是庞葱告辞而去，而毁谤他的话很快传到魏王那里。后来太子结束了人质的生活，魏王却再也不召见庞葱了。

第一节 谁更容易相信谣言

你知道吗？

微信是强关系传播，微博是弱关系传播。强关系和弱关系这一分类是由美国社会学家格兰诺维特最早提出的。强关系是指现实生活中同质化程度高、联系紧密的人，如亲戚、朋友、同事、同学；弱关系是异质性较强，人与人的关系并不紧密。微信中的好友基本上是现实中人际关系的延伸，和现实社会交往有高度的重合，所以说微信是一种强关系传播。而微博则在维系这种强关系的同时，促进了弱关系的拓展。“强关系”更多传递信任感与影响力等资源，并带来感情支持，而“弱关系”更多传递信息与知识等资源。

一、谣言易感人群

2017 年 4 月 19 日，北京地区网站联合辟谣平台和腾讯较真平台，通过对网络大数据的分析、梳理，发布了《谣言易感人群分析报告》及网络辟谣 TOP10，描绘出四大谣言易感人群。

想一想，问一问，不信谣，不传谣

数据显示，从性别来看，女性比男性更容易相信谣言。谣言易感人群中女性占比 25.1%，高于男性，且防骗高手的人群中女性占比明显低于男性。

从年龄来看，老人和未成年人更易受骗。根据调查，60 岁及以上的老人和未成年人中约三成都是谣言易感人群。而防骗高手这个群体中，60 岁及以上的老人和未成年人所占比例最少，他们对于谣言的鉴别能力低于其他年龄段的群体。

因为信息获取的不平衡，从地区来看，农村地区是谣言易感重灾区。北上广等一线城市、省会城市以及非省会地级市中防骗高手这一群体占比较高，分别为 54.4%、52.9%、56.6%，农村地区防骗高手群体占比较低，为 43.7%。同时，北上广等一线城市、省会城市以及非省会地级市中谣言易感人群占比较低，分别为 22.6%、22.1%、19.0%，农村地区谣言易感人群占比较高，为 28.7%。

受教育水平的高低会影响谣言的分辨能力。从学历情况看，低学历人群更易相信谣言。数据显示，硕士及以上学历的人中只有一成左右是谣言易感人群，而初中及以下学历的人中谣言易感人群占比为三成。[1]

总体来看，对谣言的分辨能力与性别、年龄、地区、受教育水平直接相关，信息获取能力和认知能力是导致差异的直接因素。

---

[1] 北京地区网站联合辟谣平台、腾讯较真平台：《谣言易感人群分析报告》，2017 年 4 月 19 日，http://news.kedo.gov.cn/jctj/chartreports/880664.shtml.

二、为何这些人更容易相信谣言

1. 内心矛盾

人们都希望自己的内心没有矛盾，但所有的人都无法使自己达到无矛盾状态。现实世界中发生的事情或我们所处的环境可能与我们的经验、知识互相矛盾，造成认知的不协调，引发内心不安。例如，我们习惯用筷子或刀叉吃饭，如果有人在正式宴席上用手抓饭，这就与我们所认同的礼仪不一致了。在类似的谣言中，人们在矛盾状态下为了达到内心的协调，就可能采信谣言，对已有的状况进行解释。社会弱势群体、获取真实信息有困难者更容易感受到内心的不协调。

2. 性格特征

有学者通过对谣言在电子邮件中散布的影响因素研究，总结出个性暴躁易怒者最容易被说服及传播谣言，具神经性特质易焦虑不安的人、具有忧郁特质或乐观倾向者更容易传播谣言。

在对大学生传播消费性网络谣言的研究中，学者们发现，大学生的人格特质会影响他们使用网络的特质，这会对大学生传播谣言的行为产生显著影响。例如，精明干练的人能更好地分辨信息，更不容易传播谣言。

3. 受教育程度

一般来说，受教育水平较低、社会阶层低的人较容易听信谣言。

研究发现，社会权力的分配是影响谣言传播扩散的主要因素之一,决定社会权力分配的要素包括个人的受教育程度、职业、经济收入等。在实验中,社会权力较低的人对恐怖型谣言更缺乏辨识力,受到的伤害更大。恐怖型谣言包含的恐怖、灾害信息会让人们感受到对自身人身安全、健康、财产安全的威胁,从而心生不安。社会地位较低的人群缺乏自我保护的能力,也很难获取真实信息去了解事实,其所处的社会地位使他们无法控制事态的发展。于是,恐怖型谣言会加剧他们内心的不安和不满。他们只能用传播谣言的方式加强与社会的联系,期待获取社会的支持和帮助,即使无法获得帮助,也可以在有相同遭遇、社会地位类似的人群中相互安慰,赢得同情,减轻压力,从而得到心理上的解脱。

虽然社会地位较低的人群更容易信谣传谣,但这并不代表社会地位高、受教育程度高的人就不会相信谣言。在特定的社会环境下,一些高学历人群会比受教育程度低的人更早发现社会的危机,更担忧社会的发展前景,这种担忧会让他们更加质疑官方的信息,倾向于相信谣言。在对苏联知识分子进行的一项谣言可信度调查中,被调查者中有 95% 的知识分子认为谣言比官方媒体发布的消息更可信,而受教育水平较低、社会地位较低的农民中只有 56% 的人这样认为。

可见,即使是学历高、社会地位较高的人群也是需要加强对谣言的认知,警惕谣言传播的。

4. 性别因素

从《谣言易感人群分析报告》中，我们可以看出，谣言的传播也存在着性别的差异。

我们所处的社会虽然一直在提倡男女平等，但实际上，不论是体力、就业、生育、家庭还是社会评价，女性都处于劣势，相较于男性是弱势群体。女性承受的社会压力远大于男性，在社会中较容易感受到威胁。例如，找工作时更容易被淘汰，在两性关系不合时更容易受到责备，要承担更多的家庭责任等，所以，她们更缺乏安全感，容易感到焦虑。因为传统的社会定位将女性定位为为家庭服务，所以，当她们受到社会压力时，也倾向于向家人、朋友寻求同情与认可，以减轻焦虑，这其中就包括了谣言的传播。因为不稳定和不安，女性更容易传播恐怖型谣言。同时，也因为女性对人际关系和家庭关系投入较男性更多，传播八卦消息，向亲戚朋友投放健康类谣言、社会安全类谣言，尤其是关系到孩子的谣言的往往以女性居多。

第二节 怎样分辨谣言

你知道吗？

1947 年，美国社会学家 G.W. 奥尔波特和 L. 博斯特曼提出了谣言传播的公式：R=I×A。谣言的传播(rumour)与信息的重要性(important)和事件的模糊性(ambiguous)成正比。克罗斯进一步将这个公式扩展为：R=I×A×1/C。也就是，谣言的传播程度除了与重要性、模糊性相关外，也取决于公众的信息批判能力(critical ability)。

一、谣言的常见样式

1. 谣言文章标题醒目、夸张

谣言的标题、内容多用耸人听闻和刻意夸张的字眼来吸引人们的关注。

为了让信息在人群中有效地传播，我们常常会采用一些夸张的词汇，形象地描述事件，表达情感。但与正常的修辞不同的是，谣言的夸张是一种极端化的夸张。

在做事实描述的时候,谣言会对故事的几乎每一个部分都做极致化的处理。如,消息来源是“最可靠的”“最权威的”“冒死”“重要”,也会冒用一些权威媒体或机构的名义证明自己的可信,如《新闻联播》、BBC、国务院、美国政府等;灾难程度是“最剧烈的”“史上最惨的”“史上最恐怖的”;事件原因是“最离奇的”“最恶劣的”;事件后果是“致癌性很高”“惨不忍睹的”“孩子丢了”““准考证丢了”“捡到火车票了”“不转如何如何”等。为了增强可信度,谣言还会告诉你,这个消息是冒险泄密的,“解密”“快看,再不看就删了”“《新闻联播》都不敢播”“震惊!看完14亿中国人沉默了”。还会用上道德绑架,滥用同情心,如“为了妈妈转一次、为了爸爸转一次、为了儿女转一次”等字眼。总之,谣言会告诉你最惊悚、最不可思议、最具危害性、最新奇的事情,以博取你的关注,或者唤起你的恐惧。一旦你不安、担忧、恐惧,又无法查证,那么你就自然成为谣言的信徒,急急忙忙传播谣言了。

微信公众号“谣言过滤器”总结了2015年度十大健康类谣言,其中热度排名第一的文章是《紧急通知:妇幼保健院通知,很多小孩患白血病的原因竟是儿童饮料中含有肉毒杆菌,赶快分享给有孩子的朋友》:

妇幼保健院提示您,请不要给孩子喝爽歪歪和有添加剂的牛奶饮料,告诉家里有小孩的朋友,旺仔牛奶、可口可乐、爽歪歪、娃哈哈AD钙奶都含有肉毒杆菌。现在紧急召回。有孩子的都

借我一双慧眼,看个清楚明白

转下，没有孩子的也请友情转转，大家行动起来传递一份我们的爱心。

这则谣言最初发布在腾讯微博上。网友“@于淼”在2015年1月发布了一篇题为“娃哈哈AD钙奶、爽歪歪都含有肉毒杆菌”的文章，随后被一些专业微博公关营销公司和网络水军疯狂转发。4月10日，武汉鑫众昌商贸有限公司的微信公众号“嘟嘟童年”、广州魔斯网络科技有限公司通过“微狮岭”公众号分别推送了标题为“幼儿园老师刚发的啊！做妈妈的都转过去，看好自己的宝宝”“狮岭得白血病的小孩越来越多，原因竟如此惊人”的文章，引发社会恐慌。这些谣言给杭州娃哈哈集团2015年第一季度经营造成了高达20亿元的损失。浙江、湖北两地的卫生厅以及多地公安部门不得不出面，对这则谣言进行澄清。

这则谣言表面上看是好心提醒有孩子的家长，注意孩子的食品安全，但实际上被营销号用于敲诈牟利。文章的标题充满了紧迫感，直指父母们最关心的孩子的安全与健康，激发父母们的恐惧与焦虑，借此达到谣言广泛传播的目的。

2. 谣言文本会运用大量数字、图片或视频，随意地大量使用各种叹号、语气词、形容词，排版炫目，结论耸人听闻，但给不出具体、可靠的信息来源

花花绿绿、大图片、指向性明确的视频等招数让谣言的文本看起来极具视觉冲击力，再加入一些似是而非、没有科学依据的

数据,谣言内容让人觉得似乎很有道理。

2015年,有一篇鼓吹传销的文章《未来三年行业大洗牌,90%的人下岗,50%的实体店阵亡,而80%的人将从事直销!》,就是这样一种谣言。

2017年,所有行业都将大洗牌

这些职业即将消逝

1.记者:90%的记者都会失业,这不是危言耸听,互联网的出现让纸媒生存空间不断压缩。

2.银行柜员:未来10年,80%的现金使用将会消失,网银或移动支付将掀起一场彻底的互联网革命。

3.司机:无人驾驶汽车穿梭在大街上,奥迪、丰田、奔驰都在开发自己的无人驾驶汽车。

4.装配车间工人:全球最大代工企业富士康百万“机器人大军”让一批生产工人下岗成为共识。

5.个体商户:李宁实体店关掉1800多家,电商销售额已超实体店,未来3—5年,全国80%的书店将关门,30%的服装店、鞋店也将关闭。

6.银行员工:直销银行发展迅猛,2008年以来银行累计公布裁员人数已约有60万人,未来80%的员工将下岗。马云说的“银行不改变就会被改变”真的实现了……

实体店倒闭愈演愈烈,直销却越来越火

无工可打,无商可做,中国将会有30%—45%的人从事电子商务和直销,也就意味着,每个家庭中,会有80%以上的人从事这两种行业!

这则谣言使用了红、绿、黑三种颜色,三张图片和一段腾讯视频。排版花哨,数据没有科学来源,结论夸张。该谣言用实体经济破产、民众失业的危险后果吓唬读者,其目的就是忽悠大家去做直销。

3.道德绑架

我们常会看到以下这种谣言:

12月5日一定不去影院,大家一起为《贞子》票房为零努力!中国人拍的《金陵十三钗》在日本票房为零。小日本拍的《贞子》3D将于12月5日在中国大陆上映。而12月5日既是南京大屠杀纪念日,又是国难日,勿忘国耻。作为中国人,敢不敢让《贞子》3D12月5日票房为零,不转不是中国人,是日本人可以不转!

XXX转发:太可怜了,爱心接力:XXX,女,四岁半,运城人。救救她吧,她患有罕见的"布加氏综合征",对激素产生了抗体,体重不断上升,每天不停地重复一句话:妈妈,疼! 希望大家帮帮她,多一个人转发多一份力量……【转发之后,系统记住你的号码,你的 QQ 等级会增 4 级,还赠送 7 钻一个月】

这种谣言提供虚假信息后,为了促使他人转发扩散,往往会在结尾处抢占道德高地,用爱国、爱心、同情心、仁慈等道德伦理来强迫人们转发谣言。这种谣言用看似社会美德的言论,来要求人们履行本不属于他的义务,将道德当作义务,逼迫他人牺牲;或者道德谴责与事实之间没有因果关系;或者混淆个人与社会、国家政府的边界,将不同范畴的道德标准混为一谈。这不是道德,而是道德绑架。

4. 图文不符

谣言所配图片的内容与对应的解释文字不相符,或者篡改图片的关键部分,夸大事实真相,欺骗受众。

2013 年 5 月 3 日,安徽省庐江县一女子在京温商城坠楼身亡。经丰台公安分局查明,该女子排除被侵害,系自主高坠死亡,依法将查证结果通报死者家属,并提供相关视频资料。其间,互联网上出现“女青年离奇死亡”“被保安先奸后杀”等大量谣言及煽动帮助死者亲友“讨说法”的言论,导致 5 月 8 日一些不明真相的群众在京温商城门口聚集,部分不法人员扰乱公共场所、交通秩序。彭某等人将香港 TVB 电视剧《仁心解码 2》中石天欣的剧照冒用为死者照片,在网上转发。北京警方对在网上造谣煽动及现场扰乱秩序的违法犯罪行为开展侦查，抓获彭某等 13 名犯罪嫌疑人。

这就是图文不符，是谣言的常用手段之一。

在网络上，PS 技术已经是一种成熟的图片修改技术，一些谣言常常利用 PS，将图片修改成自己想要的样子，有图也无真相。

右上图是柬埔寨总理洪森发布在他的 Facebook 上的一张家庭照，最左边的是洪森的夫人。对比上下两张照片，我们会发现，下图将洪森夫人的腿 PS 了。这个姿势在柬埔寨被认为是女性的不雅姿势。照片的发布者 Haknuman Leung 在这张照片的配文中写道："什么？柬埔寨第一夫人竟然这样站着！对高棉女性是一个坏榜样！"

5. 过期信息，仍被当作新消息发布

2013 年 5 月 8 日，网上出现一则消息：N 医科大学第二附属医院北楼 13 楼泌尿科，一男子持刀行凶。共有 5 人被砍伤，其中一护士长伤重身亡，其余 2 名重伤，2 名轻伤。

实际上,该事件发生在2012年11月13日。2013年12月24日,F市中级人民法院宣判,被告人彩春锋犯故意杀人罪,但其患有偏执型精神障碍,系限制刑事责任能力人且构成自首,一审判处无期徒刑,剥夺政治权利终身。

严格来说,这一事件的确发生过,不完全是虚假消息。但谣言传播者将过期的信息当作新闻来发表,给受众造成伤害医护人员事件频发的印象,激化社会矛盾,也属于制造谣言。

二、如何分辨谣言

1. 合理质疑

越是接近自己立场、情感的材料,越是要审慎。

每个人都会对自己感兴趣的事情发表一下评论,但不论是文盲还是诺贝尔奖得主,每个人都有自己的优势,也有自己的知识盲区,每个人由于各自的经历、利益不同,在接触信息时的立场、倾向自然也有差异。而在谣言满天飞的网络里,纵然你凭知识储备分辨或躲过了100个谣言,说不定在第101个时就中招了。在了解了谣言长什么样子以后,我们就要提高警惕,尤其是看到与自己的经验、立场非常接近的文章时,反而更需要冷静核实,以免上当受骗。

谣言符合部分人群的固有观念,因而更容易取得受众的信任。在相对自由的网络空间中,网民能够相对自由地选择接受哪些信息,传播哪些信息。网民的这种自我议程设置,看似自由、宽泛，但实际上，每个人都只倾向于有选择地接受和传播那些与自己本来意愿、价值观、利益一致的信息，拒绝接受与自己固有观念和利益相抵触的信息。这样一来，人们接触的信息面反而不断变窄。

同时，在“沉默的螺旋”效应下，当周围的人都在谈论某个事件，支持某个观点，就会对身处其中的网民造成心理压力，似乎不参与该事件的讨论就会落伍，抱着人云亦云的心态，“大家信，我也信”。在这种效应下，谣言会迅速扩散，形成社会影响，达到大规模、多个社交圈传播的状态。

那么，怎么分辨谣言呢？除了了解我们之前所讲的谣言的特征、谣言的样式之外，首先你应该对你所读、所见，以及从网络或其他地方所了解到的一切都抱有适当程度的怀疑心态。即使有图有视频，也要保持适当警觉，在这个时代，造假实在不是一件难事。前几年疯传的用四个手机做爆米花的视频，视频上几乎看不出什么破绽，但粗粗地想想也会产生怀疑：手机如果都能爆米花，人脑还能保住吗？手机电磁波能够产生爆米花这么大的能量吗？能量总量肯定是不变的。

不过即使有些事情听起来无比顺理成章，它的真实性也未必就是毋庸置疑的。

比如本·拉登的死亡消息曾经在 Twitter 上引起热议，其中数以千条推文引用了一句号称属于马丁·路德·金的名言：“我为之前数千条生命的逝去而哀伤，但我不会为一条生命的凋零而欢欣鼓舞——即使它属于敌人。”（I mourn the loss of thousands of precious lives，but I will not rejoice in the death of one，not even an enemy.）

但不幸的是，马丁·路德·金从未有过如此言论。这条伪造的名言由于其悲悯的情怀让人格外容易感同身受，而且相对也没什么坏处，所以特别能让人接受。

如果收到一条主题为“恭喜你获赠一台 iPad！”的电子邮件，你就应该立刻警觉起来。但总的来说，作为一个独立思考的网民，对于以上两类信息都应当保持谨慎。

2. 多方查证

查证谣言还应考虑到信息来源问题。如果消息来自《科学》《自然》这样的权威杂志，可信的概率是很高的。但如果某个霍金的段子来自一位学文学史的同学，你可能需要想想他是否知道霍金是干什么的。通过查找多方面信源，确定信息的真实性，这是分辨谣言的一个有效办法。

信源，也称消息来源，是指新闻信息的提供者。大多数时候，消息的来源在很大程度上决定着这些消息是否真实和准确。一个权威信源提供的消息可信度更大，一个不知名，甚至是匿名信源提供的信息的可信度就值得怀疑了。匿名信源和单一信源的使用一直是新闻界争议比较大的问题。

当前随着社会节奏的变化和网络的竞争，新闻的制作渐趋快速而浅薄，越来越多的非专业人士充当了新闻信息的提供者，新闻也就越来越被当作单纯的商品,似乎只要"好看"、"刺激"、瞬间吸引眼球,信息是否准确则被有意无意地忽视了。为了方便新闻的快速生产,单一信源、未经查证的信源就被大量应用。

2013 年 4 月 17 日,CNN 报道称,在波士顿马拉松爆炸案的调查过程中,已有人被捕。当日下午,美联社、《波士顿环球报》以及 Fox News 也跟随误报了嫌犯被捕的消息。事实上,一名嫌犯在两天后才被捕,另一名嫌犯被击毙。事后,美联社负责业务规范的执行副总编汤姆·肯特在给全社员工的备忘录中指出这次误报的原因所在:

我们违背了自身关于单一信源报道的原则。美联社全体员工都必须完全熟悉我们的匿名信源指引,尤其是针对只有单一信源的情况所规定的十分严格的标准。我们的"新闻价值与原则"规定:美联社例行寻求并要求非单一信源。在努力寻找补充信源以求证实或详述的同时,应暂不发稿。

这里又涉及信源的另一种形式:匿名信源。顾名思义,匿名信源是指消息来源的真实信息不在新闻报道中公开。有时候,新闻线索或者事件信息的提供者考虑到自身安全或新闻发布后会给自己的生活、工作带来的不利影响等因素而不愿意将自己的真实身份公之于众,在接受采访的时候,要求记者在报道中不要提及其姓名、照片、住址、工作单位等社会信息。匿名信源在新闻报道中往往被表述为“据消息灵通人士说”“政府某资深人士说”“据专家说”“据可靠消息”“记者从有关方面获悉”“业内人士透露”等形式。

匿名信源在特殊事件或特殊情况下是可以使用的。在正常采访无法探求事实真相时,匿名信源可以为我们提供新闻线索,在一些调查性报道中,匿名信源更可以提供内幕消息、爆炸性消息。1972年,美国《华盛顿邮报》记者鲍勃·伍德沃德和卡尔·伯恩斯坦报道了“水门事件”的内幕,导致当时的美国总统尼克松辞职下台。当时,信息的提供者就是匿名信源,代号“深喉”,他每每在记者伯恩斯坦和伍德沃德的调查陷入困境时指明方向。“水门事件”的调查报道给《华盛顿邮报》带来了巨大的声誉。直到2005年,“深喉”的真实身份才被揭露,他是FBI休斯敦分局的探员马克·费尔特。

但另一方面,匿名新闻来源使用不当也会让新闻变成谣言,损害媒体、政府的公信力。

加拿大《国家邮报》的记者麦金托什报道了前总理克里迪安在职期间,利用职权,要求联邦商业银行通过其家乡格兰德梅瑞旅馆的贷款申请。麦金托什的报道并未故意编造谣言,而是收到了匿名信源“X先生”的信件,里面装有联邦商业银行的内部贷款资料。经过长达数年的反复调查,最高联邦法院最终裁定责成《国家邮报》和麦金托什交出该事件的机密文件。原因就在于,皇家骑警经过调查,认为该文件属于伪造。

匿名信源的消息缺乏可信性的原因在于:首先,匿名信源所提供的内幕消息、爆炸性消息难以查证,读者很难确定其真实性;其次,由于匿名性,消息源不必承担散布谣言的后果,很可能会撒谎并逃避责任;再次,也不排除某些媒体或个人为了牟利,故意捏造虚假信息,再冠以匿名信源的名义来发布。

互联网技术降低了传播门槛,民众只要愿意都可以成为“记者”,也使记者从网络中获得更多的信源和新闻线索。同时,网民也可以直接从电脑、手机上通过社交媒体、网络论坛、新闻门户网站、直播平台等直接接触第一手信息。就信息的自由获取和自由发布来说,这无疑是言论自由最好的时代。但传播的信息良莠不齐,真假难辨,这也是言论自由最坏的时代。在全民皆记者,随手拍就是新闻的时代,如何准确定位真实新闻?如何正确使用信源?

对此,我们需要仔细分辨:

我们所看到的消息有几个信源?他们是不是相互独立的?一篇可信的文章中应该有来自不同的人对同一事件不同角度的发言。这些不同的信息提供者相互之间应该没有明显利益关系,不会事先套好了话。

文中的信源是不是报道中所叙事件的直接参与者或现场目击者?来自事件现场的直接参与者或目击者的说法往往比转述者、听说者的发言更可信。

他们是不是利益相关者?如果信息的发布者与涉及的事件之间有明显而直接的利益关系,他们就可能因为自己的利益而扭曲信息。那么我们就需要警惕利益相关者出于自身利害关系而提供假消息。

是否使用匿名信源？匿名信源因为难以查证，会影响信息的真实性，所以信息的提供者是可以查证的公开信源还是难以查证的匿名信源就十分重要。如果一则消息是“据说”“据统计”“我的朋友的亲戚说”“专家说”，或者是某权威媒体、政府机构说，但又不提供该报道的原始链接，读者也找不到相关权威机构的报道，再或者干脆没有信息来源，那么这个消息是谣言的可能性就很大了。

使用匿名信源的时候是否给出援引匿名信源的理由？在新闻传播中，对匿名信源的使用是有限制的，只有当正常报道、公开信源无法探求真相时，匿名信源才应当被采用。因此，采用匿名信源的理由就很关键：

——“因为担心个人安全。”

——“因为害怕受到报复。”

——“因为参加谈判的各方承诺保密。”

——“因为该公司威胁员工，谁接受媒体采访就解雇谁。”

——“因为政治家甲要求他的助手不可接受媒体采访。”

——“为了避免得罪甲官员。”

——“因为泄露相关机密是违法的。”

以上的理由是我们可以接受的。

诸如“因为他没有获得授权发表意见”或者“因为问题的敏

感性”这样的借口，往往后面的消息可信度就不太高了。

3. 警惕偏见，消除“刻板印象”

谣言的传播取决于人们对某一现象或社会群体的认识，而这种认识往往是模式化的“刻板印象”。刻板印象指的是人们往往会对某种群体或某种事物形成概括性的固定看法或评论，并将这种固定看法推广到该群体中的每一个人和该事物的每一次具体事件。英国阿伯丁大学人类知觉实验室主任、心理学家道格·马丁说道：“最初随机生成的、复杂的、难以记住的社会信息，在人与人之间交流传递的过程中，逐渐演变出一套更简单的系统来，这套系统由一系列刻板印象组成，更加容易被记住。”刻板印象可以帮助我们利用事物的整体性特征，更快地领会和抓住周围世界的信息，提高认知能力。但也可能由此产生偏见与歧视，例如人们倾向于认为处于优势地位的人是有错的，而处于弱势地位的群体是值得同情的，所以小贩与城管发生冲突，一定是城管滥用职权，官员与普通平民发生纠纷，一定是官员以权谋私，仗势欺人。这时，人们认知中的刻板印象就会成为谣言传播的重要因素。

我们需要谨慎看待具有偏见色彩的信息，这些信息往往以偏概全，或忽视整体性中个体的独立性，从而构成谣言。

4. 学习科学与社会常识，增强“免疫力”，谨防“钓鱼帖”

【谣言】

恐怖的“一氧化二氢”

它是酸雨的主要成分；对泥土流失有促进作用；对温室效应

有推动作用；它是腐蚀的成因；过多的摄取可能导致各种不适；皮肤与其固体形式长时间接触会导致严重的组织损伤；被吸入肺部可以致命；处在气体状态时，它能引起严重烫伤；在不可救治的癌症病人肿瘤中已经发现该物质；对此物质上瘾的人离开它168小时便会死亡；将它请到高处时，常常得费体力或电力；使人类陷入战争。

它常常被用于：

各式各样的残忍的动物研究；

美国海军有秘密的“一氧化二氢”的传播网；

全世界的河流及湖泊都被“一氧化二氢”污染；

常常配合杀虫剂使用，洗过以后，农产品仍然被这种物质污染；

在一些垃圾食品和其他食品中是添加剂；

已知的致癌物质的一部分；

一些屠宰场为了逐利，过度在肉中充入“一氧化二氢”，使消费者利益受损。

然而，政府和众多企业仍然大量使用“一氧化二氢”，而不在乎其极其危险的特性。

以上这段话是不是让人毛骨悚然？那么，“一氧化二氢”到底是什么呢？“一氧化二氢”还有一个学名——“水”，它是水（H_2O）的化学式。现在再回过头来看上面这则谣言，大家啼笑皆非了吧。

恐怖的“一氧化二氢”谣言是网络上典型的“钓鱼帖”,它包含了“钓鱼帖”的两大典型特征:第一,谣言提供的信息并不完全是假的,而是七分真三分假,细节越丰富越好;第二,会留下明显的破绽,如果你具备一定的自然科学、人文社会科学知识,一眼就能发现这是假消息。

网友总结了“钓鱼帖”制作的5个原则,我们可以借此来分辨此类谣言。

· 既要让“鱼”在初读的时候有相信的冲动,又必须留出以“鱼”的智商一定最终能够发觉的破绽。

· “钓鱼帖”中的破绽越多越好,破绽的级别越低越好,但又不能让人在第一眼就发现。

· “钓鱼帖”的反差要大。以国民党军队的战史为例,“钓鱼帖”所描述的事件,历史上的真实事件越糗越好,而“钓鱼帖”中的描述越光辉越好。

· 有必要留下一些纯属恶搞的破绽,比如著名科幻电影中的主角名字和桥段,这种无论如何辩驳都无法改变的破绽是最后的底线,防止被历史学家们写到书中。

· 破绽应当分级别分层次,防止部分思维奇怪的“鱼”将其中某些他识别出来的破绽剔除之后作为正史到处转帖。[1]

从以上“钓鱼帖”制作指导原则我们不难发现,“钓鱼帖”并

---

[1] 光头蓝云:钓鱼概论,http://www.newsmth.net/bbscon.php?bid=1031&id=113236。

不是要恶意制作虚假消息，欺骗公众，更不希望混淆事实真相，实际上，“钓鱼帖”是典型的“反谣言”二次传播。其目的是以恶搞方式嘲讽某些迷恋旧时代（尤其是民国、德国纳粹等）、歪曲历史、混淆历史事实的人和那些谣言。

虽然“钓鱼帖”刻意留下了明显破绽，但因为每个人都有不同领域的知识缺陷，一些人或者因为知识储备不足，或者因为既有立场，还是会对“钓鱼帖”信以为真，造成谣言的传播。

前文提到的“一氧化二氢”谣言就曾被误以为真。2012 年伦敦奥运会上，我国小将叶诗文表现神勇，国外有些媒体无端猜测她服用了兴奋剂。和讯网官方微博发了一条反讽的“钓鱼帖”：“教练终于承认，曾给叶诗文服用一种叫作一氧化二氢的液体，来为叶诗文补充能量。”结果，居然有不少人以为这是真的，其中包括中国环境管理干部学院教授这样的高级知识分子。

所以，我们得勤学自然科学、人文社会科学知识，看到似是而非的消息时，勤于查证，避免被“钓鱼帖”误伤。

5. 学会利用搜索引擎

对于像我们前面举的把名言警句硬安在一个根本没说过的人身上这类谣言，有一个利用搜索引擎查证的简单办法。例如，当你看到“本 · 拉登通过卡塔尔半岛电视台向美国发表声明。声明中说：中国是世界上唯一不能惹的国家”，要查证本 · 拉登是否说过这句话，我们可以利用搜索引擎的日期范围过滤器，寻找在本 · 拉登死之前，在网上是否出现过这句话：

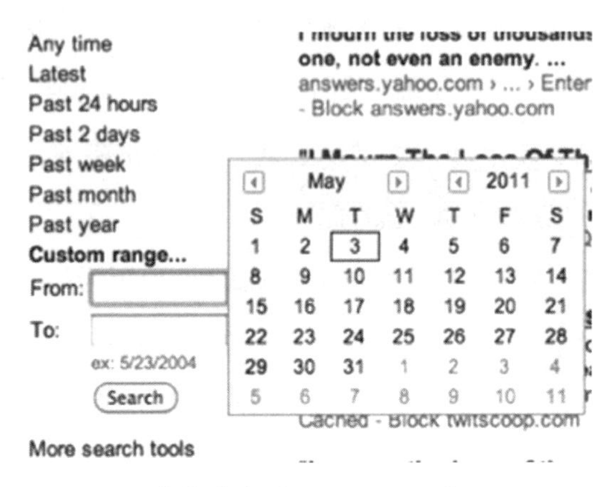

（图片来源：Lifehacker）

在一些异常情况很容易地被剔除以后（某些网站使用追溯式时间戳），结果变得很清楚：这句话在本·拉登死之前就没有出现过。

不光是日期范围搜索，一般来说查找跟问题相关的几个关键词就会很快找到揭穿它的结果。把要查的标题再加上“骗局”“谣言”之类的关键词，也足够找到你想要的了。但不幸的是，某个搜索引擎并不总能给出答案，有时它的结果会被海量的虚假内容充斥，你很难找到真正想要的结果，所以就需要一些更好的搜索技巧。

当有人给你发微信：“果果，朋友家女儿，刚刚在厦门万达广场附近走丢，求扩散，谢谢。联系电话18852405370/18151087476，顺手一转也许能拯救一个家庭。”你不妨用百度搜一搜果果和电话号码。然后你会发现，“果果”这个女孩几年中在厦门、晋江、福州、杭州、南昌、长春、荆州等多个地方的万达广场“走失”。而且所有版本中的联系电话都是相同的。女孩的身份除了“朋友的女儿”外,也出现了老师家的女儿、同事的女儿、阿姐的女儿等。那么,很明显,这是一则谣言。其中的电话号码很可能是诈骗电话,千万不要拨打。

如果是一张图片,使用百度和谷歌的图片搜索功能也很容易找到图片的原始出处。

用浏览器打开谷歌或百度图片首页,在搜索栏右边可以看到一个相机图标,点击它。在弹出的图片搜索网页中,可以看到有两种图片搜索方式,一种是直接粘贴图片网址,另一种是从本地上传你已经存有的图片。第一种图片搜索方式:在网页中打开一张图片,点击鼠标右键,在菜单中选择“复制图片网址”。将网址复制到搜索栏中,点击搜索,就可以找到图片的来源。第二种图片搜索方式,即将你存有的图片上传,也可以直接将照片拖到搜索栏中,关于图片的信息就会出现了。

熟练应用百度之类的搜索引擎,掌握几招拿手的搜索技巧,保持一些怀疑精神,你完全可以厘清大部分疑惑的事情到底是事实还是虚构。

三、谣言的反转

2013 年 12 月 3 日,一则题为“扶起摔倒中年女子　外国小伙疑遭讹诈”的新闻刷爆网络：

昨天，在B市朝阳区香河园路与左家庄东街路口，一名中年女子在一个外国小伙骑摩托车经过时突然摔倒。外国小伙下车急忙搀扶，却被女子一把拖住。女子自称被外国小伙撞到腿部受伤无法行走，需要该老外负责。外国小伙大惊失色，却被女子死死拖住，衣服都被撕烂了。事发不久警方到场，双方前往医院。经医生检查、X光拍摄后诊断该女子并未受伤。女子随即再度瘫软大呼难受。最后经调解，外国小伙不得不给付1800元医药费，女子方才作罢自行离开。

乍见此新闻，因为我们对于“扶不起的大妈”的刻板印象，众多网友自然以为该女子“碰瓷儿”外国小伙。然而，随后记者联系到了新闻的首发者，也就是新闻中图片的拍摄者，他坦承，撞人的那一刻他并不在场，只是开车途中看到外国小伙正在扶倒在地上的中年女子，便停车观看，现场有人告诉他，中年女子是被外国小伙撞倒的，从两名当事人的争吵中，他也基本了解了事件的大致情况。那么在拍下照片之后，他为什么要对事实做出“外国小伙扶起女子遭讹”的描述呢？他表示：“碰没碰到确实没看见，只说了外国小伙经过时该女子摔倒了。后来经过多方了解，确实是碰到了，但碰得很轻，只是轻微碰擦，我也没说外国小伙很冤枉。后来经过检查没有大碍，她狮子大开口要几千块钱，后来讲价讲到一千八,已经明显超出她的受伤范围了,这就是我为什么说是‘讹’。要多了嘛,要到钱之后她还很满意地自己走了,一点儿事也没有。”[1]

12 月 4 日, B 市公安局官方微博公布了事发当时的路口监控。从录像中可以看到,这名外国小伙骑着摩托车转弯通过路口时,将这名妇女撞倒。情况通报中称:“2013 年 12 月 2 日 10 时 40 分许,110 报警服务台接群众报警,称左家庄一路口一外籍男子与行人发生纠纷。接报后,民警立即赶赴现场开展工作。经调查,一中年女子经过人行横道时,被一外籍男子驾驶摩托车撞倒。在现场处理过程中,倒地女子称身体不适,民警立即拨打 120 将其送往附近医院。经医院检查,该中年女子伤情轻微。双方在医院自行协商解决了赔偿事宜。警方经现场调查,并调取了监控录像初步查明,该外籍男子无驾驶证,所驾驶摩托车无牌照,在人行横道内将中年女子撞倒,警方于当日依法暂扣了肇事摩托车,其交通违法行为将依法处罚。目前,此案正在进一步审理中。”

事后拍摄图片的李先生公开对该中年女子道歉:“我认识到我错了,我想对你们说一句迟到的对不起。首先,在此事的报道上,我使用了不严谨且不翔实、有倾向性且夸张的描述,导致了一场网络风波,致使李阿姨被冤枉、网友误读、部分媒体误报。虽然我并不是故意炮制新闻以博眼球,但是我给你们带来的伤害,确

---

[1] 拍摄者讲述大妈“讹诈”外国小伙事件经过 . 国际在线,2013-12-3. http://news.sina.com.cn/s/2013-12-03/160628876908.shtml.

是实实在在的。我对整件事件承担责任。其次,我轻率且不负责任的报道,造成了对新闻公信力的极大损害。愿承担一切责任。”

通过信息的首发者李先生、外国小伙、记者、官方微博等事件的不同参与者对于事件的不同讲述,我们可以自己判断哪个才是真相了。

所以,当你在网络中看到一则传得沸沸扬扬的热点话题,这个话题和信息又极具煽动性,或者容易挑动民众反对、抵制、谩骂情绪的时候,不妨等一等再发表意见或者转发,谨防谣言反转后被打脸哦。

章节提问与实践

1. 跟踪网上热传的新闻,看看它们有没有被反转。

2. 上果壳网“谣言粉碎机”测一测你的抗谣性。

第六章

积极辟谣 澄清真相

主题导航

1. 公开真相，击退谣言
2. 积极参与谣言的澄清
3. 学习治理谣言的法律法规
4. 提高媒介素养和社会责任感

谣言是个人、国家、社会环境等因素共同作用下滋生的一种特殊社会现象，那么要澄清真相也势必需要个人、国家、社会的合力。互联网改变着我们的生活方式，在海量信息中，我们不可避免地接触着谣言，但海量的、便捷获取与传播的信息也方便了我们识别谣言，澄清真相。同时，国家出台了一系列法律法规进行规定，以净化网络空间。

第一节 公开真相,击退谣言

你知道吗?

当发生危机事件时,如何向公众公布信息,避免谣言传播呢?英国危机公关专家里杰斯特提出了危机公关中信息处理的3T原则。危机处理中信息发布有三个关键点,每个点以"T"开头,所以称之为3T原则。1. Tell You Own Tale(以我为主提供情况),强调政府牢牢掌握信息发布主动权;2. Tell It Fast(尽快提供情况),强调危机处理时政府应该尽快不断地发布信息;3. Tell It All(提供全部情况),强调信息发布全面、真实,而且必须实言相告。

一、及时公开辟谣

根据谣言的传播公式(谣言 = 重要性 × 模糊性 / 批判能力)可知:一个谣言对人们越是重要,而人们对事件的了解越模糊,人们又无力分辨真假时,谣言就越容易为人所相信。

谣言传播的一个重要原因是信息的不公开或不对等。谣言包含了人们的猜测和臆想，满足了人们对信息的迫切需求，因此，减少谣言，限制谣言传播的方法之一是公开信息，在谣言泛滥之前满足人们的信息需求，在公开、可信的公共平台上向人们提供全面、真实的信息供大家查询，保障人们在公开平台上对公共事务的自由讨论，促进谣言的自清。

中国国家图书馆以政府公开信息为基础，向公众提供政府信息垂直搜索引擎。该平台整合了国务院各部委，全国各省、自治区、直辖市等政府公开信息，为公众查询政府公开信息提供了便利。中国政府公开信息整合服务平台官网网址：http://govinfo.nlc.cn/lmzz/index_4602.html?new=1。

因此，当你对关于政府的某些决议、政策的传言心存疑惑时，不妨到政府网站、中国政府公开信息整合服务平台上去找找有没有相关文件。

在谣言被证实或证伪后，如果你积极参与公共网络平台的讨论，转发证实后的真相，努力向大家解释和辟谣，那你就是在为谣言的澄清尽一份力啦。

如前所述，谣言是一种集体行为。人们借助谣言进行意见讨论，或者交换信息，或者获得安慰与帮助，或者进行人际交往，在对谣言的参与、说服、认同、维护、反驳、演绎等过程中加强集体向心力，融洽人与人的关系，寻找利益共同体。很多时候，谣言是社会发展的必然产物，只靠国家强制力是无法取缔或压制的。国家制定保护言论自由的法律，支持和鼓励公开的意见平台，让各自不同的意见和消息都能相互质询、印证，在公开的讨论中暴露谣言的破绽，信息的自清功能就能自动上线了。当然，这种讨论、质询、印证必须在法律规定的范围内。

二、利用网络“大V”，扩大辟谣信息的影响力

在传统媒体时代，因为传统媒体几乎垄断了大众传播渠道，也垄断了话语权，所以，由传统媒体公开辟谣会起到良好的效果。但在网络时代，人们，尤其是年轻人的阅读习惯发生了改变，他们越来越多地通过网络来获取信息，参与讨论。此时，仅仅只在报纸、广播、电视、杂志等传统媒体上发布辟谣信息就显得远远不够了。

拥有大量粉丝的网络“大V”等意见领袖和传统媒体一样，拥有巨大的传播力和影响力，相较于普通人，他们的发言能够被更多人看到，也更容易获得公众的信任。在谣言应对中，可以发挥“意见领袖”的作用，借助他们强大的信息扩散能力和说服力传播辟谣信息，效果会更好。以新浪微博为例，新浪微博虚假消息辟谣官方账号“@微博辟谣”的粉丝数在2017年6月10日为1021633人。而一些著名的网络“大V”的粉丝数远不止这些。例如，同一天，Angelababy的粉丝数排名第一，为81846174人，“@回忆专用小马甲”的粉丝数是28411647人，“@江宁公安在线”的粉丝数是2022620人。这些网络“大V”的粉丝量都远超“@微博辟谣”。如果能够合理利用这些大V们的资源，邀请他们

积极转发辟谣信息,就可以有效提升微博辟谣内容的关注度,让辟谣信息为公众周知。

第二节　积极参与谣言的澄清

你知道吗？

中文谣言库是由清华大学自然语言处理与社会人文计算实验室收集整理的谣言数据库,目标是收集中文社交媒体平台(新浪微博、微信等)中广泛传播的谣言案例。谣言数据主要来自谣言相关页面抓取、谣言自动识别以及会员提交。其中,初始谣言数据来自新浪微博不实信息举报处理中心。数据库已经针对中文社交媒体平台中的谣言信息进行了分析研究工作,包括定量统计分析、语义分析、时序分析,以及自动辟谣框架构建等。

北京师范大学教授喻国明把微博的多方讨论会还原真相的状况称作“无影灯效应”。他认为,任何单个人的观点都可能不够全面呈现真相,一些人也会故意或无意传播有明显倾向性的观点,正如同每一盏灯都有“灯下黑”的现象。但是,当所有知情人的观点汇聚在一起,就会形成一种互相补充、互相纠错、互相印证、互相延伸的结构性关系,真相就会在这样的信息结构中呈现。这便是新媒体时代信息的“自清功能”。传播学者陈力丹也认为,“比起微博传播谣言的能量,微博的纠错能力和自净化能力更为强大。微博是个多元的舆论场,它在发展过程中本身具有‘自净化’功能:一些不好的微博现象出现的同时,通常会伴随着各种批评性的其他微博意见”。

实际上,早在1644年,英国诗人约翰·弥尔顿就在他那本著名的《论出版自由》一书中宣称:真理只有在自由而公开的辩论中,才能战胜谬误,从而证明自己的真理性。1859年,英国经济学家、思想家约翰·密尔也在自由主义的经典著作《论自由》中强调:自由而公开的讨论,是接近真理的唯一可靠途径。真理越辩越明,信息是可以在公开辩论中,经过多方观点的相互印证得到自我修正,从而呈现真相的。在网络时代,微信、微博、网络论坛等信息公开、共享平台因为多方的参与,多人的信息互相印证、互相纠错,多方观点碰撞,因而具有信息的自清功能。

一、细查谣言的蛛丝马迹

(1)观察网络账号或昵称的使用情况。如果账号、网名注册时间很短,基本没有任何使用痕迹,很少发布、转发、评论信息,却拥有巨大的关注量与粉丝数,那么一定程度上说明该账号有问题,可能是有意培养的水军账号。

(2)观察网络账号的转发、评论情况。如果该账号转发、评论的信息大多与谣言相关或常常参与谣言的制造、转发,那么这个账号很可能是谣言制造机。

(3)文章中的数据、观点是否有具体可查证的来源。如果文章说“央视《新闻联播》都报道了”,那么去查查央视《新闻联播》有没有相关报道吧。如果是找孩子、丢失准考证、迷药之类的文章,可以用文章的关键词去搜索引擎搜索,如果多地同时出现类似的信息,那基本可以断定是谣言。语言极度夸张,危言耸听,但又没有可靠的信息来源、消息来源链接的,十有八九是有问题的。

二、辟谣网站、公众号

网络中信息自我净化的有效方式之一就是专业的信息辟谣网站和辟谣公众号。对于网络辟谣,许多民间团体和个人抱有极大的热情,曾经出现了“谣言粉碎机”“反海外谣言中心”、Snopes等平台,它们凭借专业优势和集体力量,积极分析谣言,寻找真相,帮助公众认清事实,在很大程度上降低了谣言的负面影响,促进了信息的自清。

1.“谣言粉碎机”

“谣言粉碎机”是果壳网的主题站之一,其自我定位是:“爱真相,不爱流言。爱考证,不爱轻信。爱证据,不爱权威。爱科学,不爱迷信。这是谣言粉碎机的小组。捍卫真相与细节,一切谣言将在这里被终结,由我,由你。”

“谣言粉碎机”的团队由20多名专业成员组成,他们都有较高的学历。截至2017年6月10日,“谣言粉碎机”拥有1277623名果壳网小组成员,在果壳小组中人气排第八,在新浪微博中拥有1328025名粉丝,发布微博1844条。也就是说,“谣言粉碎机”的辟谣信息可以同时被几百万人接受,其影响力和对谣言的击破功能可见一斑。

果壳网“谣言粉碎机”的工作流程是:首先,陈述事件。果壳网“谣言粉碎机”首先会对选定的谣言进行陈述,并附上原文的网络链接。其次,反驳谣言,揭示真相。“谣言粉碎机”会援引权威的报刊、学术论文、科研机构的研究报告等进行辟谣。最后,下结论。在厘清事实后,果壳网“谣言粉碎机”会对谣言予以澄清,而且会提出网站自己的见解,对公众进行科学知识的普及教育。

2017年4月,网上流传着一段“皮皮虾注胶”的视频。“你看你看全是胶,硬邦邦的!”网友买回皮皮虾,却发现了“黑心”商贩的无耻行径,她义愤填膺地拍摄视频上传网络,并警告网友“千万不要去买了啊,也完全不要去吃”。这是真的吗?

“谣言粉碎机”发表题为“红膏虾蛄正当季,你却嫌人家被‘注了胶'??"的文章("谣言粉碎机"作者:萨尔茨堡的鱼 2017-04-21 17:43:24),给网友们科普了皮皮虾作为一种食物的常识。皮皮虾的正式中文名为虾蛄,是甲壳界的人气网红,属于口足目,在世界范围内现存有400多种,拥有强悍的战斗力。每年的4月至6月间是虾蛄的产卵季节,经过一整个秋冬的能量蓄积,此时的虾蛄肉质饱满,雄虾肥壮、雌虾膏美,是食用虾蛄最好的季节。为此,作者还非常"残忍地"介绍了皮皮虾的各种吃法:寿司、白灼、海鲜锅、生腌、干烧、椒盐……

该微博被转发646次,评论258条,点赞365次。微博引发了网友热议。有网友评论说:"各位朋友注意了,如果你购买到大量这种带红色胶体的皮皮虾,请先不要恐慌,我来告诉你如何处理:1. 先将它放回锅里保温,防止挥发;2. 立刻致电给我,说明情况及位置;3. 迅速购买解毒用的鸡爪、花生、啤酒;4. 静等我来上门处理,如果着急可以来接我,或者给我约车。"

辟谣信息通过粉丝的再次转发和调侃,以裂变式的传播方式扩散开来。皮皮虾注胶的谣言得到了强有力的纠正和粉碎。

果壳网中另一种进行辟谣工作的平台是"果壳网流言百科"。与"谣言粉碎机"这种纯粹网友自发的辟谣小组不同,"果壳网流言百科"只允许用户提交流言的情况,对于流言的判定、论证、定性由果壳网站方完成。其流程如下:首先,提交流言。用户需要添加标题、标注标签并且对流言进行描述。其次,站方论证。"流言百科"在论证阶段仍然依靠援引权威的报刊、学术论文、科研机构的研究报告等进行辟谣。最后，判定真伪。当判定工作完成，站方会对信息进行标注，并对信息予以补充说明。

2. 如果是源自英文世界的消息，就去 Snopes

Snopes 创办于 1995 年，是美国一家专门核查并揭穿谣言和传闻的网站。针对互联网上关于各种都市传奇故事、民间传说、神话、谣言、误传，网站会验证各种说法的真实性，用“真 / 假 / 不确定”作可信度评定。snopes 在英文中的意思是无商业道德的商人，无耻政客。美国《纽约时报》曾将 Snopes 列入“电脑使用者必知网站”的名单中，英国《卫报》和《个人电脑》杂志在各自评出的“世界上最有用的 100 个网站”和“100 个最经典的网站”中，也包括 Snopes。

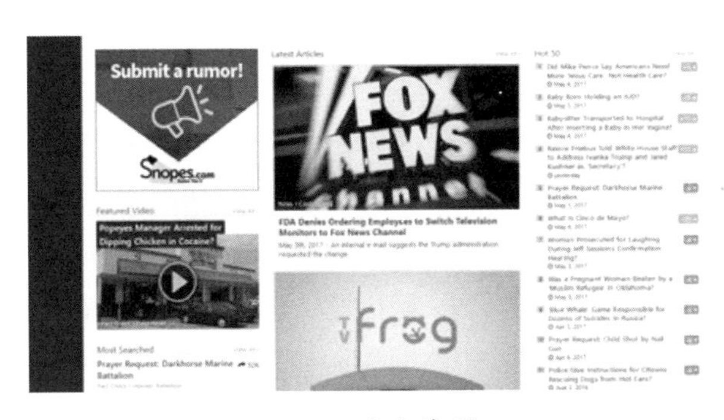

Snopes 网站首页

美国医学界曾流传着这样一则传说：据传在美国内战时期（具体地说是 1863 年的 5 月 12 日那天），弗吉尼亚农场上的一个小女孩站在自家门廊前，附近正战火连绵。一颗射偏的子弹先穿过了一名年轻的联邦军骑兵的阴囊，然后射入了小女孩的生殖器官。结果,小女孩竟因此怀孕,而使她怀孕的那个人远在 100 英尺之外! 9 个月后,小女孩竟然生下了一个健康的宝宝!

Snopes 也出手撰文分析了这个谣言。这个“飞来横孕”的故事完全是虚构的。这个故事最早出自《美国医学周刊》杂志 1874 年 11 月 7 日一期的一篇文章。不过,这篇文章其实是一个笑话。英国医学期刊《柳叶刀》重刊了这篇文章。1896 年,乔治·古尔德和沃尔特·派尔在《医学奇闻怪事录》一书中“人工授精”章节的脚注里部分引用了《柳叶刀》的这篇文献。不过,他们解释说,之所以引用这篇文章,“不是因为理论上有这个可能性,而是因为它实乃‘医学幻想界’的奇葩”。后来的学术期刊和书籍里引用了这篇文章,但却并没有查证原始出处,也没有意识到这仅仅是个笑话。再后来,这则故事就变成了“医学杂志中的一则真实案例”流传了下来。

3. 反海外谣言中心

出于好奇心和求知欲,人们会想要阅读外国媒体和外部的新闻源,以了解世界或者作为中国发生的事件的借鉴,但大多数人并不具备阅读外文原文所需的外文水平。网上有一些微博、微信号常常提供一些国外消息,因此读者们就转向这些信源。按道理,这些微博、微信号应该做的是选取外国新闻并进行翻译,但我们怎么知道这些翻译文章介绍的外国事件是真的呢?

一系列外文文章声称,希拉里竞选团队暗杀了民主党全国委员会的工作人员赛思·里奇,以报复他据说向维基解密(Wiki-

Leaks)泄露民主党全国委员会的电邮。这一传言在美国极右翼网站上广泛流传。2016年7月,里奇在华盛顿被杀,案件仍在调查之中。

2012年,美国讽刺新闻网站“洋葱新闻”(The Onion,这是一个美国的讽刺新闻网站,它以真实新闻事件为蓝本,加工杜撰假新闻)把朝鲜领导人金正恩评为全球在世的最性感男人,这篇文章传着传着成了真事,变成报纸上一篇正儿八经的新闻。

为此,我们需要一些能够帮助我们分辨国外信息真假的人。“反海外谣言中心”就是这样一个专门澄清海外谣言的微博账号。

不过,所有这些破解谣言的平台,对正在传播的谣言的即时反应不够快,也不可能破解你遇到的所有谣言。并且如果你是一个较真的死理性派,不要仅仅因为辟谣网站或公众号这么说了就放弃你怀疑的态度。所以更重要的,你要学会自己去探知事件的真相,毕竟运营辟谣网站、公众号的人也是血肉之躯,不可能24小时都在破解谣言。

三、关注政府网站、公众号等权威信息来源

随着社交媒体日渐普及,传播力和影响力快速提升,它们在众多社会事件中越来越成为社会信息和意见的主要聚集地。公众在社交媒体上的密集讨论,甚至会形成舆论事件,推动法律、政府政策的完善和转变。因此,传统媒体、政府机构、企业等纷纷开

通微博、微信账号，试图加入这场舆论竞争。

截至2016年12月31日，新浪微博平台认证的政务微博已达到164522个，实现了级别、地区、部门的全覆盖。人民网新媒体智库分析显示，2016年1月至11月的600多起舆情案例中，政府回应率达到87%，有57%以上的事件政府部门首次响应在事发24小时之内，有73%的事件政府部门首次回应在48小时之内（含24小时）。其中，41%的事件通过政务新媒体做出回应。[1]

2016年，上海出台老年综合津贴制度，当天“上海发布”的微信公众号就公布了该政策的详细内容，并提供了图片解读。这篇微信公众号文章当日阅读量就达到了140多万。随后几天，“上海发布”公众号继续就新敬老卡换领时间、换领条件、换领程序等公众关心的信息及时作出说明与解读，微信阅读量也达50万。官方权威机构及时公开而全面地说明了老年综合津贴制度的实施方法，谣言自然也就没有了用武之地。

2016年，有一则关于酸菜鱼致人死亡的谣言在各地传播：

“Z省BZ市防疫局宣布：昨天凌晨2点21分，一女性感染SB250病毒死亡，年龄21岁，参与抢救的医生已经隔离。据悉此女是在市场买草鱼回家做酸菜鱼吃后发觉呕吐头晕送院，中央13套电视新闻已播出，暂时别吃鱼肉、酸菜，特别是草鱼做的酸菜鱼、水煮鱼，因BZ市121个鱼塘已感染。收到马上发给你关心

[1] 人民网新媒体智库．2016年全国政务舆情回应指数评估报告。

的人。”

各地疾控中心核实:根本就不存在所谓“SB250”这种病毒,各地医院也公开表示未收治过感染“SB250”的患者,更无类似死亡病例。各大媒体及时报道了辟谣消息,警方更对散布谣言的人进行了行政处罚。这则谣言并没有如“海南香蕉致癌”等谣言一样,造成社会恐慌。

通过政府网站和公众号,我们可以很容易了解一些公共事件的真相。

政府引导舆论,及时辟谣,有利于澄清事实。但如果辟谣反被反转,造成“官谣”传播,那么,不但不能呈现真相,反而会导致民众的反感,降低政府公信力。

有些时候,政府因为辟谣心切,在没有弄清楚事实的情形下辟谣,却又缺乏证据,该辟谣信息反而被证实为虚假信息;又或者,政府出于自身利益,发布了不实信息,导致“官谣”的出现,信息不但不能被公众认可,反而引发公众广泛质疑。

例如,2013 年 12 月,网上出现了一段名为“张军叫小姐”的视频,当事人之一被指认为 H 省高级人民法院刑事三庭庭长。12 月 8 日,H 省高级人民法院及有关部门急忙对此信息予以否认。但就在 12 月 9 日晚,H 省纪委连同省高级人民法院再次回应,称被曝光人员确系省高院刑三庭庭长。

2013 年 7 月,LW 县瓜农邓正加被城管用秤砣砸死,第二天 LW 县官方对此予以否认。2013 年 12 月 27 日,法院判决 4 名涉案城管人员有期徒刑3年半至11年不等。

四、辟谣的常用方法

1. 追溯信息的来源，查证其可信度

权威的专业机构、事件的目击者和当事人的消息，比无来源或者匿名信源、转述者的信息更可靠。

例如，你对一则信息中的图片存疑，你可以利用谷歌或百度的图片搜索功能，查找图片的来源，看看图片是否与信息一致或是张冠李戴，或是被修图。

点击百度搜索栏右侧的相机图标；

粘贴图片网址，或上传需要查询的图片，或者将图片拖到搜索栏；

百度就会自动帮你搜索相关和相似图片了。谷歌也有类似

功能。

2. 探查信息发布者的动机

如果信息的发布者与事件之间有直接利益关系或者恩怨情仇,其信息就要被慎重对待。

3. 注意信息中自相矛盾、不合逻辑之处

一些“钓鱼帖”留有明显破绽,冷静思考一下就能发现。例如酸菜鱼致人死亡的谣言中,“SB250”这个病毒名称就是显而易见的“钓鱼”。

在网上,我们经常会看到关于“迷药”的谣言。在出租车上闻到奇怪的香味,走在路上被人拍了拍肩膀,陌生人递给你一张纸,有人敲门给你块肥皂让你闻一闻,然后受害者就被迷晕了,不由自主告诉了别人自己的银行卡密码、支付宝密码,甚至被迷晕割肾,等等。在医学操作中,即使是密闭呼吸给药,也需要一分多钟才会起效,开放性环境中几乎不可能在短时间内迷倒一个人。而且如果真有这种短暂接触就能让人丧失神志的迷药,那投药者为何不受影响呢?

看看,只要动动脑筋,不盲信,这类谣言完全经不起逻辑推敲。

4. 信息核查为谣言后,权威机构和专家、发言人出面辟谣,比普通人的辟谣更可信

例如,当你发现一则谣言,可以@知名人士或网络“大V”的微博,请求他们帮助转发,扩大辟谣影响。

5. 直接指出谣言中的不实信息

对于谣言中的细节、数据、历史事实失真,用真实的数据、可

靠的历史证据去证伪它。例如著名的“钓鱼帖”——“境外敌对势力资助毛三亿五千万金卢布对抗政府”,伪造了一张有毛泽东签名的收到季米特洛夫1933年交付中共“三亿五千万金卢布”的收据图片。但实际上,1933年,季米特洛夫因“国会纵火案”在德国受审。三亿五千万金卢布相当于270吨黄金,接近5亿美元,相当于当时国民政府四年的财政总收入。这样一来,事实就一目了然了,这张收据是伪造的。有网友戏称:中共当年真有这么多钱,直接把国民政府买下来好了,何必搞革命?

6. 辟谣信息应反复核实,亲身求证,确保真实可靠

虽然辟谣越快越好,但不能急于求成,造成辟谣反被谣言利用。辟谣信息必须有充分的事实依据,必要时需要求助专业人士,采用详细的数据和细节来辟谣。中央电视台财经频道有一档真相验证节目《是真的吗》。该节目通过各大新媒体共同互动,针对网络中的流言进行现场试验,探求真相。例如:“手机充电时辐射是平时的一百倍是真的吗?”结论:假的。手机只有在打电话的时候才会产生辐射。“橘子汁摇晃会变甜是真的吗?”结论:真的。在恒温下经过甜度测试仪分析,摇晃前的橘子汁甜度为11.0%,摇晃后的橘子汁甜度为11.2%。实验原理为:橘子内的枸橼酸受冲击被破坏,导致酸度降低甜度上升。

要达到良好的辟谣效果,单一手段往往不顶用,而需要综合考虑实际情况,选择合适的辟谣方法,或者综合运用各种手段。

五、合理利用谣言举报制度

我国现有的各大信息平台，尤其是社交媒体平台都相继建立了辟谣平台和谣言惩处机制，试图从技术上遏制谣言的传播。

以新浪微博对不实信息和其他违规信息的技术监控为例，我们可以考察一下网络信息服务提供商是如何利用技术手段监控和惩处谣言，以及其他不适合传播的信息的扩散的。

2011 年，新浪抽调 7 人左右的资深新闻编辑，成立“微博辟谣小组”，24 小时从事监控、查证和辟谣工作。微博辟谣小组的工作主要针对的是虚假信息、不准确信息和欺诈类信息等。小组随时对转发量较高的微博进行主动监控，也接受网友发送的不实信息私信。小组主要采用网络信息搜索、联系当事人、求证专家、实地探访等方式对疑似谣言进行查证。当发生重大突发事件时，新浪也会从各频道抽调资深编辑加入微博辟谣小组，对谣言进行处理。

曾有微博账号发布了一张老人头部受伤照片，称：“中国城管，你们真的不能再这么干下去了，老头只是卖了几个自家产的瓜菜，为了一口饭吃 …… 你们也下得去手？”微博辟谣小组委托新浪上海站的工作人员，赴事发地普陀区邮政石泉大楼小区探访。该小区居民告诉这名工作人员，照片反映的是 2005 年发生在这个小区的一起高空坠物事件，伤者已过世。小组确认该消息属虚假信息。对于那些经过核实确为谣言的微博，小组会在原微博上注明此消息不实，贴上具体辟谣的网址，并不删除原微博。

微博辟谣小组在新浪微博上设有官方账号“@微博辟谣”，微博用户可以通过私信和邮件举报的方式向小组发送疑似谣言信息。新浪微博网友也可以使用微博附带的“举报”功能进行举报。

不过，面对每天上亿的信息，仅仅靠新浪微博辟谣小组的单兵作战显然无法处理和甄别海量的信息。因此，新浪微博发起了《首都互联网协会发布坚守七条底线倡议书》，建立了自律联盟与平台，即微博社区管理中心，在该中心设立举报处理大厅，发动网友主动举报投诉虚假信息和骚扰信息等。

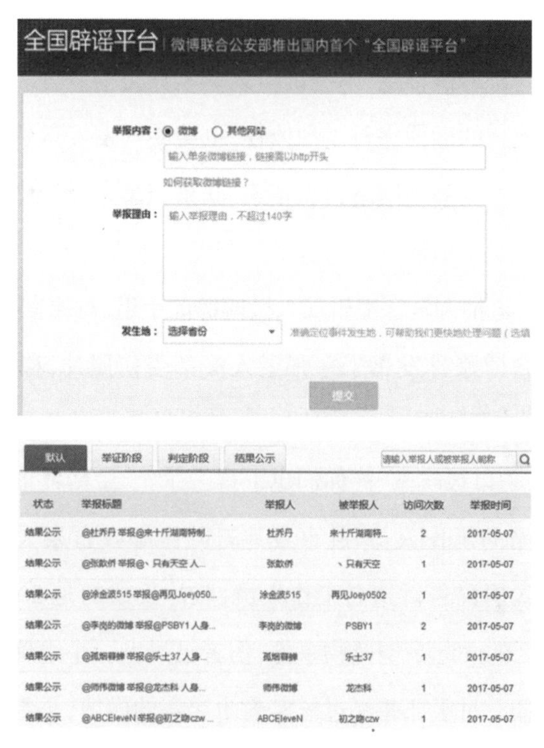

全国辟谣平台页面

微博社区管理中心界定了违规行为:发表危害信息、垃圾广告、淫秽色情信息、不实信息;泄露他人隐私;冒充他人;人身攻击;内容抄袭;骚扰他人;用户真实身份与认证身份不符;认证用户身份真实,但在新浪微博从事的商业行为中有违规的。

微博社区管理中心通过主动发现和接受用户举报两种方式发现不实信息。

若涉及信息明显不实,或者涉及用户纠纷的信息明显违规,由站方直接处理,并建立卷宗公示结果。如有必要,将在直接处理前通知双方进行 3 小时的陈述,陈述信息将作为辅助判定的重要依据。若涉及信息已有判例,循例处理,并建立卷宗公示结果。若涉及信息既非明显不实,又无判例可循,进入专家委员或普通委员判定阶段。微博社区管理中心也允许其他用户围观和发表意见。最后,该中心会根据双方举证以及其他用户的支持率和专家委员、普通委员的投票等综合判定被举报信息是否属实。对于不实信息、人身攻击、冒充他人、内容抄袭、骚扰他人的举报,中心还设立了复审阶段。一旦确认,发表违规信息的一方会受到禁言、删除信息、封号、禁止转发、禁止评论、禁止自行删除、扣除信用分、注销账号等惩罚。

截至 2014 年 9 月 30 日,社区委员会人数共计 19077 人,其中普通委员会成员共计 17120 人,专家委员会成员共计 1957 人。委员会成员都是自愿申请,专家委员会委员要求是某一领域的专家才能申请。

到 2017 年 6 月 10 日，新浪微博社区管理中心共受理举报 1336937 条，完成判定 1306498 条，其中关于不实信息的举报受理 33515 条，完成判定 33385 条。

同时，新浪微博建立信用积分制度。信用积分作为用户信息的一部分，反映用户短期内的信用情况。信用积分 = 信用初始积分 + 奖励积分 - 信用扣分。根据信用等级与信用积分规则，为用户划分相应的信用等级。用户有违规行为，被其他用户举报，导致信用等级为低，在其微博首页等位置将会显示“低信用”图标。信用积分低于 75 分将被禁止一切推荐；低于 60 分将被停止增加粉丝，所发内容不能被转发；低于 40 分所发的全部微博将只出现在个人页面；被扣至 0 分的，账号将被冻结。

如果你在微博、微信等社交媒体上发现了谣言，请动动手举报它们。

微博谣言的规约和治理仅靠政府或网络运营商的单打独斗是远远不够的。不论是政府还是网络运营商，相对于传播谣言的社会公众都是沧海一粟，不论是人力还是技术，都不可能对抗庞大的谣言流量。要限制谣言的传播还必须采取“人民战争”的战略战术。建立完善的谣言举报制度是以公众的力量收集、探查、甄别谣言的一种可行方法。

目前，微博、微信等社交媒体已经相继建立了谣言举报制度，用户可以直接点击举报、投诉，或者以私信或邮件的形式举报不实信息，一旦举报被证实，该信息会被删除，账号会被警告甚至封号。

如果你发现QQ、微博、微信等常用的社交媒体上流传的帖子是虚假消息、恶意谣言、恶意诽谤,可以在文章右下角(也可能在其他位置),按照“点击‘投诉’—— 选择投诉原因 —— 下一步 —— 投诉描述 —— 提交”之类的流程,实现对虚假消息、恶意谣言、恶意诽谤的举报。

不过,这要求社交媒体的运营商在短时间内处理大量信息,尤其是专业性信息,谣言的甄别依然是困难的。

中国互联网违法和不良信息举报中心是中央网络安全和信息化领导小组办公室(国家互联网信息办公室)下属的机构,其职责包括:统筹协调全国互联网违法和不良信息举报工作;监督指导各地各网站规范开展互联网违法和不良信息举报工作;接受、协助公众对互联网违法和不良信息的举报;宣传动员广大网民积极参与互联网违法和不良信息举报;等等。我们可以拨打电话12377或登录网址www.12377.cn及下载12377App来举报不实信息,参与网络生态治理。

第三节　学习治理谣言的法律法规

你知道吗？

有时候，自清功能只是一种理想状态，否则，我们也就不会看到历史上各种谣言持续不断地大规模传播了。这是因为，只有当真实信息的不同侧面互相印证、纠错时，信息的自清功能才会完整地呈现真相。但如果人们传播的是非真实信息，那么，即使有多人在不断地补充、印证信息，也不太可能呈现真相。尤其是人们都有先入为主的习惯，也更趋向于接受耸人听闻的警告，辟谣也需要更多的专业知识和更广泛的信息收集。所以，辟谣往往跑不赢造谣，自清功能就可能变成一种幻想。在网络中，网络水军以及各种公关营销公司的存在也加大了自清的难度。这就要求我们在期待信息自清的同时，政府、社会和个人也要采取一些法律法规手段来规约谣言。

一、我国法律对谣言的认定标准

1. 谣言是虚假信息

我国法律对谣言的定义不同于学术界的定义,我国法律将谣言定义为:虚假的信息。《中华人民共和国刑法》中的“造谣”是指捏造虚假事实或虚构情况。《中华人民共和国治安管理处罚法》中的“造谣”是指捏造并散布没有事实根据的谎言。

2. 谣言侵犯的是公共安全、社会公共利益及他人权利

2015年新修订的《中华人民共和国刑法修正案(九)》在第二百九十一条增加一款:编造虚假的险情、疫情、灾情、警情,在信息网络或者其他媒体上传播,或者明知是上述虚假信息,故意在信息网络或者其他媒体上传播,严重扰乱社会秩序的,处三年以下有期徒刑、拘役或管制;造成严重后果的,处三年以上七年以下有期徒刑。第二百四十六条增加一款:通过信息网络实施第一款规定的行为(即以暴力或者其他方法公然侮辱他人或者捏造事实诽谤他人,情节严重的),被害人向人民法院告诉,但提供证据确有困难的,人民法院可以要求公安机关提供协助。《中华人民共和国治安管理处罚法》第二十五条第一款规定,“散布谣言,谎报险情、疫情、警情或者以其他方法故意扰乱公共秩序的”“扬言实施放火、爆炸、投放危险物质扰乱公共秩序的”,以及公然捏造事实诽谤他人的,捏造事实诬告陷害他人的,需承担法律责任。从这些可以看出,传播谣言的行为危害自然人或法人的权利,故意

扰乱社会秩序,需接受法律制裁。不过,某些传播谣言的行为可以免责。

3. 谣言的免责

不是所有的谣言传播行为都需要负法律责任,特定条件下,传谣行为可以免责。如果行为人主观上不是出于故意,如对道听途说信以为真或者由于认识判断上的失误而出于责任心向有关部门错报了险情、疫情、警情的,不能视为违反治安管理处罚法的行为;刑法对煽动颠覆国家政权罪的认定规定行为人主观上必须出于煽动不特定人或多数人实施颠覆国家政权,推翻社会主义制度的故意。对一些因个人问题没有得到解决而发泄不满情绪,发表过激言词,进行错误评论的行为,不应以本罪论处。

由此可见,对于制造和传播谣言的行为,只有出于主观故意,而且造成了恶劣的后果,法律才会干预。如果不是明知该信息是谣言而传播,而且不知道传播该谣言会带来恶劣的社会影响或给他人造成重大财产、名誉损失的,可以免于法律责任。

二、我国关于谣言的法律法规

针对网络中的犯罪和传播谣言的行为,美国、日本、印度等国家先后制定了法律,惩治造成社会危害的网络传谣和网络暴力行为,保护公民的合法权利。

法国教育部向校园推荐使用含有内容过滤功能的服务器,

对校园网免费提供内容过滤软件,设立专人监控。德国电视台电视模拟法庭节目播放大量来自现实生活的真实的因网上造谣诽谤引起的纠纷案件,意图通过普及法律知识,让公众明了宪法赋予公民的言论自由权不等于言论无所约束,即使在虚拟的网络世界,人们也要受到法律的规约。

近年来,随着新的信息传播技术的普及,谣言,尤其是网络中的谣言有大规模泛滥的趋势。我国加强了关于谣言的立法,出台了大量关于信息安全传播的法律法规,特别是关于网络中信息传播行为的法律法规、司法解释等。《最高人民法院、最高人民检察院关于办理利用信息网络实施诽谤等刑事案件适用法律若干问题的解释》中指出,“网络空间属于公共空间,网络秩序也是社会公共秩序的重要组成部分”。

2013 年 9 月 9 日下午 3 时,最高人民法院召开新闻发布会,发布《最高人民法院、最高人民检察院关于办理利用信息网络实施诽谤等刑事案件适用法律若干问题的解释》。这部司法解释于 2013 年 9 月 10 日起施行。《解释》规定,利用信息网络诽谤他人,同一诽谤信息实际被点击、浏览次数达到 5000 次以上,或者被转发次数达到 500 次以上的,应当认定为《刑法》第二百四十六条第一款规定的“情节严重”,可构成诽谤罪。

其中,《解释》专门规定,谣言造成被害人或者其近亲属精神失常、自残、自杀等严重后果的,则不问诽谤信息实际被点击、浏览或者被转发次数,即可直接认定为“情节严重”,同时规定两年内曾因诽谤受过行政处罚，又诽谤他人的，也认定为“情节严重”。

对于网络暴力、网络欺凌现象，《解释》规定，利用信息网络实施辱骂、恐吓他人，情节恶劣，破坏社会秩序的犯罪行为，以及编造虚假信息，或者明知是编造的虚假信息，在信息网络上散布，或者组织、指使人员在信息网络上散布，起哄闹事，造成公共秩序严重混乱的，以寻衅滋事罪定罪处罚。

国务院新闻办公室与信息产业部于2005年9月25日联合发布的《互联网新闻信息服务管理规定》第十九条明确规定，互联网新闻信息服务单位登载、发送的新闻信息或者提供的时政类电子公告服务，不得含有散布谣言，扰乱社会秩序，破坏社会稳定的内容。

2014年10月《最高人民法院关于审理利用信息网络侵害人身权益民事纠纷案件适用法律若干问题的规定》规定，网络用户或者网络服务提供者采取诽谤、诋毁等手段，损害公众对经营主体的信赖，降低其产品或者服务的社会评价，经营主体请求网络用户或者网络服务提供者承担侵权责任的，人民法院应依法予以支持。雇佣、组织、教唆或者帮助他人发布、转发网络信息侵害他人人身权益，被侵权人请求行为人承担连带责任的，人民法院应予支持。网络用户或者网络服务提供者利用网络公开自然人基因信息、病历资料、健康检查资料、犯罪记录、家庭住址、私人活动等个人隐私和其他个人信息，造成他人损害，被侵权人请求其承担侵权责任的，人民法院应予支持。

2015 年 11 月开始实施的《中华人民共和国刑法修正案(九)》规定,传播谣言,严重扰乱社会秩序的,“处三年以下有期徒刑、拘役或者管制;造成严重后果的,处三年以上七年以下有期徒刑”。

三、《中华人民共和国网络安全法》

2016 年 11 月 7 日,全国人民代表大会常务委员会发布了《中华人民共和国网络安全法》,并于 2017 年 6 月 1 日起施行。这部法律是我国第一部全面规范网络空间安全管理方面问题的基础性法律,目的是保障网络安全,维护网络空间主权和国家安全、社会公共利益,保护公民、法人和其他组织的合法权益,促进经济社会信息化健康发展。《网络安全法》第七条明确提出了我国致力于“推动构建和平、安全、开放、合作的网络空间,建立多边、民主、透明的网络治理体系”的网络治理方向。

《网络安全法》一是明确了网络空间主权的原则;二是明确了网络产品和服务提供者的安全义务;三是明确了网络运营者的安全义务;四是进一步完善了个人信息保护规则;五是建立了关键信息基础设施安全保护制度;六是确立了关键信息基础设施重要数据跨境传输的规则。

1. 明确对公民个人信息安全进行保护

针对近年来层出不穷的网络诈骗、个人网络信息泄露等违法行为,《网络安全法》第四十四条规定:任何个人和组织不得窃取或者以其他非法方式获取个人信息,不得非法出售或者非法向他人提供个人信息。第四十三条规定:个人发现网络运营者违反法律、行政法规的规定或者双方的约定收集、使用其个人信息的,有权要求网络运营者删除其个人信息。网络运营者应当采取措施予以删除或者更正。

2. 网络运营者应当加强对其用户发布的信息的管理

《网络安全法》第四十七条规定:网络运营者应当加强对其用户发布的信息的管理,发现法律、行政法规禁止发布或者传输的信息的,应当立即停止传输该信息,采取消除等处置措施,防止信息扩散,保存有关记录,并向有关主管部门报告。

3. 对未成年人上网的特殊保护

《网络安全法》第十三条规定:国家支持研究开发有利于未成年人健康成长的网络产品和服务,依法惩治利用网络从事危害未成年人身心健康的活动,为未成年人提供安全、健康的网络环境。

4. 网络通信管制制度

网络通信管制的目的是在发生重大社会事件的情况下,通过赋予政府干预信息流通的权力,牺牲部分通信自由权,来维护国家安全和社会公共秩序,这是国际通行做法。例如在发生重大突发性事件时,如严重自然灾害、暴恐事件中,可及时切断谣言的传播渠道和恐怖分子的通信渠道,避免事态进一步恶化,保障社会公众的合法权益,维护社会稳定。因为这种管制也会同时隔绝公众正常的信息流通需求,因此《网络安全法》也规定实施这种临时网络管制需要经过国务院决定或者批准。一旦情况缓解,政府应立即恢复正常通信,以减小给正常信息流通带来的不便。

《网络安全法》将原来散见于各种法规、规章中的规定上升到了法律层面,对政府、网络运营者和网民个人等主体的法律义务和责任做了全面规定,包括守法义务,遵守社会公德、商业道德,网络安全保护义务,接受监督,承担社会责任等,并在“网络运行安全”“网络信息安全”“监测预警与应急处置”等章节中进一步明确、细化。在“法律责任”中则提高了违法行为的处罚标准,加大了处罚力度,有利于保障公民合法权利,建设健康的网络环境,保障我国网络信息传播的安全和有序。

四、我国关于惩治谣言传播的法律案例

1. “秦火火”成网络造谣司法解释出台后获罪第一人

2014 年 4 月 17 日,秦志晖(网名“秦火火”)诽谤、寻衅滋事

秦志晖出庭接受宣判(图片来源于新华社报道)

案,在北京市朝阳区人民法院一审宣判。秦志晖被以诽谤罪判处有期徒刑两年,以寻衅滋事罪判处有期徒刑一年六个月,数罪并罚,被判处有期徒刑三年。秦志晖是2013年最高人民法院、最高人民检察院出台关于网络谣言的司法解释以后,首个被判刑的网络谣言制造者。

"秦火火"制造的谣言

2011年8月20日,在网上散布原铁道部向"7·23"甬温线动车事故中的外籍遇难旅客支付3000万欧元高额赔偿金的虚假信息。该微博2个小时就被转发1.2万次,评论3300余次。

2012年11月27日、12月31日,两次在网上捏造并散布全国残联主席张海迪具有日本国籍的虚假信息。

2013年2月25日,捏造"罗援之兄罗抗在德国西门子公司任职"。原微博是"@罗援,再问你一个严肃的问题,你大哥为什么能成为德国西门子(远东)公司高级顾问,后来又成为西门子(中国)公司副总经理?你们罗家出了老二罗挺和老三罗援两个少将,又有老大罗抗和老四罗振两个兄弟分别在德国和美国公司任高层?这当中是不是有什么利益交换关系?请解释这个问题。"

2013年7月15日,在网上散布"杨澜向希望工程虚假捐赠"的虚假信息。

其他如污蔑雷锋形象,编造雷锋生活奢侈情节,宣称雷锋的道德楷模的形象完全是由国家制造的。

秦志晖及其同伙甚至使用淫秽色情手段包装“中国第一无底限”暴露车模、“干爹为其砸重金炫富”的模特等。

秦志晖承认，自2011年以来，他及其同伙制造并传播的谣言多达3000余条，并曾公开宣称：网络炒作必须要“忽悠”网民，使他们觉得自己是“社会不公”的审判者，只有反社会、反体制，才能宣泄对现实不满的情绪，必须要煽动网民情绪与情感，才能将那些人一辈子赢得的荣誉、一辈子积累的财富一夜之间摧毁。他们公开表示：“谣言并非止于智者，而是止于下一个谣言。”他们的行为严重败坏社会风气，污染网络环境，造成恶劣影响，有网民称其为“水军首领”，并送其外号“谣翻中国”。

2. 不法分子传播封建迷信、邪教歪理、伪科学信息，蒙骗群众

2015年12月，上海市互联网违法和不良信息举报中心接到群众实名举报：QQ群“华夏故土”“华夏传统 — 神传文化”长期以图片、视频形式传播违法信息。经查，上述QQ群经常发布宣扬邪教和封建迷信的违法内容，严重扰乱社会秩序、破坏社会稳定，违反《互联网信息服务管理办法》等法律法规。执法部门根据举报，依法关闭了相关QQ群账号。

自20世纪90年代起，小学学历，从未学过医的胡万林被吹捧为“当代华佗”“神医”。胡万林自称对癌症、肝炎、高血压等现代医学无能为力的疾病可以药到病除，对于癌症可达90%的治愈率。胡万林的弟子吕伟将其包装为香港一家养生机构的大师，

传授自然大法等养生理论，可以治疗糖尿病、艾滋病及各类癌症。2013 年 8 月，22 岁的大学生云旭阳进入胡万林的“养生班”，服用了由胡万林等人提供的含有芒硝的“神药”后抢救无效死亡。随后，胡万林以非法行医罪被判处有期徒刑 15 年，并处罚金 20 万元。

第四节　提高媒介素养和社会责任感

你知道吗？

根据《新媒体蓝皮书：中国新媒体发展报告 No.7（2016）》的报告，60.6% 的受访者表示自己在微信上遇到的疑似谣言最多，该比例远远高于微博的 15.2% 和论坛贴吧的 21.6%。“60 后”与“70 后”倾向于认为自己的平辈朋友爱转发真伪难辨的信息，而“80 后”和“90 后”倾向于认为自己的父母长辈爱转发此类消息。对于是否屏蔽经常在朋友圈中转发谣言的朋友，受访者看法不一，34% 的人表示会屏蔽该类朋友的朋友圈，29.2% 的人表示不会屏蔽，36.8% 的人表示不一定，说明人们对于朋友转发谣言的行为有一定容忍程度。

一、深入开展公民媒介素养教育建设

媒体素养也称传媒素养、媒介素质，是指在各类处境中取用（access）、理解（understand）及制造（create）媒体信息的能力。与培养媒体从业人员的媒体专业教育不同，“媒体素养教育”或“媒体教育”的教育对象是全体公民，教育的目标是培养全体公民思辨与生产、发布资讯的能力，和从批判性的角度去解读所有媒体信息的能力。

“媒介素养”这一概念是由英国文化研究学者 E.R. 李维斯和他的学生丹尼斯·汤普森首先提出来的。1933 年，他们在《文化和环境：批判意识的培养》一书中，首次提出学校应开设“媒介素养”课程，对学生进行“媒介素养”教育，并提出了系统的教学建议。两位学者认为，（当时的）新兴的大众传媒，例如电影，为了追求商业利润，传播的内容倾向于消费主义的流行文化，流于低俗浅薄，只能为受众提供“低水平的满足”。这种低水平的满足降低新闻质量，降低社会道德水平，尤其会对青少年的成长产生负面影响。因此，学校应该提供系统化的课程或训练，教授学生如何建立媒介批判意识，使其能够辨别和抵御大众传媒的不良影响。媒介素养教育在其发展过程中，经历了三个发展阶段：第一阶段是面对精英阶层的教育，仅限于辨识、抵抗、防疫不良新闻。第二阶段，“媒介素养”教育扩展到全民。20 世纪 60 年代，文化多元

保持智性心灵，化谣言于无形

化得到社会的广泛认同与实践,媒介素养教育也发展到赋予全体民众传播能力与权力的阶段。这一阶段,媒介素养教育的重点在于加强对全体公民认识、使用媒介能力与表达能力的培养。第三阶段是互联网普及后,社会开始认识到网络中网民的媒介素养教育的重要性。网络媒介素养是指人们了解、分析、批判网络媒介的能力与利用网络媒介获取、创设信息的水平。这一阶段中,因为网络的自由度的提升,网络信息的非专业性也远大于传统媒体时代,网络的媒介素养教育所涉及的目标对象进一步扩散,能够使用媒介参与公共事务讨论的人越来越多,需分辨、利用的信息也不再仅仅局限于专业性的媒体所提供的信息。

英国是世界上率先开展公民媒介素养教育的国度。英国现在的大学、学院几乎都开设有媒介素养教育的教师培训项目。早在 1987 年,加拿大已有 50 家大专院校提供 90 多个媒介素养教育项目,包括完备的学位课程和单个的短期培训课程。澳大利亚是世界上第一个通过法令将媒介素养教育作为常规教育的国家,拥有一套从幼儿园到 12 年级完整的基础媒介素养教育课程与系统的媒介素养教育教材,被公认为当代最重视媒介素养教育的国家。

在美国,学校也在帮助学生学习如何避免传播谣言。美国高中校园近日出现了指导学生如何“发推”的海报,提示发文前的五大重点:这是真的吗? 这有帮助吗? 这是激励人心的吗? 这有必要吗? 这是友善的吗? 海报最后还加上警语:网络记录是永久的,不要留下坏名声。

美国高中指导学生“发推”的海报(图片来源于网络)

联合国教科文组织及其他一些国际性组织从 20 世纪 70 年代开始积极介入媒介素养教育的推广。1978 年,联合国教科文组织设计了一套国际性的媒介素养教育方案。这套方案指出,在资本主义社会,大众传媒的消极影响是其积极影响所无法消除的,这种社会环境里的大众传媒,有可能发展成为操纵公众舆论的重要工具。因此,媒介素养教育的目标,不仅是教会青年人应对各种大众传播媒介,还要鼓励学生为建立具有真正民主精神的高质量的大众传播体制而努力。随后,联合国教科文组织出版了《将大众媒介用于公共教育国际研讨会的最后报告》《媒介教育》《了解媒介:媒介教育与传播研究》3 种读物,并提供了 25 种媒介素养教育的论著索引。

我国的媒介素养教育起步较晚。20 世纪 90 年代中叶,我国才开始出现介绍外国媒介素养教育的文章。现有的媒介素养教育只是在个别学校零散地开展。

2000年4月15日,中国人民大学新闻学院和中国少年报社联合创办了我国第一所面向全国青少年进行媒介素养教育和实践能力培养的培训机构——中国人民大学·中国少年报社少年新闻学院。该学院由全国教育界、新闻界的著名专家、学者分别担任专家指导委员会主任和委员。中国人民大学新闻学院的教授、博士生、研究生和中国少年儿童新闻出版总社"五报十一刊"及全国多家媒体的知名编辑、记者担任教学和辅导工作。学院通过各地分院,分别开设"青少年儿童媒介素养""新闻媒体""新闻采访""新闻写作""新闻摄影""报刊编辑出版""交际与口才"等课程,让全国各地的孩子们接受媒介素养教育。学院的官网为"中国青少年媒介素养网"。

2015年,凯迪数据研究中心发布的《中国网民网络媒介素养调查报告》显示,我国被调查网民的媒介素养平均值为3.6(最高5分),属于中等水平。女性媒介素养普遍高于男性;二、三线城市网民的媒介素养水平高于一线城市;高收入和高学历提升了媒介素养水平;在各年龄段网民中,使用新媒体的"50后"老年人媒介素养水平最高;从职业看,独立创业者媒介素养最高。

二、提升公众的社会责任感

马克·吐温曾说:“当真相还在穿鞋的时候,谣言就已经跑遍半个地球了。”互联网技术让信息飞速传播的同时,也让谣言跑得更快了。谣言的传播者和主要目标对象是普通公众,因此,打击谣言,尤其是那些会造成严重社会危害的谣言也就离不开公众的参与。处于焦虑、恐惧、不安中的人用谣言宣泄情绪;不明真相的人用谣言寻求原因和解释;在动荡中的无力自保的人用谣言获得社会认同,寻求帮助;担忧健康、环境恶化、食品安全的人用谣言关心亲朋好友;陷于认知不和谐的人用谣言去否定与他们的常识与信念矛盾的论断;牟利的人用谣言获取金钱;无聊的人用谣言博取一笑。虽然不是所有谣言都是虚假的,也不是所有谣言都是有害的,但那些恶意的、恐吓的、牟利的、侵害他人权利的谣言的传播必然会造成社会恐慌,带来严重的社会危害。民众是谣言的传播者,也可以是事实真相的传播者,因此,民众的参与程度是评价社会理性和辟谣效果的一个重要标准。要降低恶性谣言传播的破坏性,提高媒体和网络信息的自清能力,呈现真相,我们就需要唤醒民众中沉默的大多数,让广大网友成为清谣、辟谣的主力军,自觉承担起网络自清的责任。

当你看到有趣的、刺激的信息,你是否会去核实它的真实性?当你读到“××食物致癌”的消息,你是否会随手转发?当你遇到社会不公,你会不会为了吸引支持而夸大你的遭遇?你有没有在网上与人骂战？你有打赏过一些为了吸引眼球而做的哗众取宠的直播吗？很多人在选择和传播信息时只关注那些有趣味性和有刺激性的信息，很少考量其真实性和是否适合传播，从而成为谣言传播的帮凶。恶性谣言害人害己，制止其传播有赖于我们每个人的社会责任感。面对“吃 ×× 更健康”“不转不是中国人”“为了孩子”等谣言，我们不妨动动手查证一下，或者终止转发。对于涉及自然科学、人文社会科学的谣言，如果你是这方面的专业人士或者正好了解真实信息，那么你就有责任去辟谣并进行科普。

北京地区网站联合“辟谣”平台、果壳科技“有意思”、蝌蚪五线谱联合推出了名为“抗谣挑战”的小测试，测试人们面对 2016 年各大谣言的“抗谣性”，并进行科普。新浪微博上已经有人发起“拯救爸妈朋友圈”活动，赢得不少年轻人的积极支持和参与。

只有人人都提高警惕，多一份社会责任感，恶性谣言才有望销声匿迹，真相才能大白于天下。

章节提问与实践

1. 你知道哪些治理谣言的法律法规？

2. 找一则在你周围广泛传播的谣言，试着向你周围的人辟谣。

3. 做一做下面这份测试，看看你的媒介素养能拿多少分。

（1）我经常质疑网络信息的真实性

A. 完全符合　B. 比较符合　C. 说不清　D. 比较不符合

E. 完全不符合

(2)我经常在网上发布或转发消息

A. 完全符合　B. 比较符合　C. 说不清　D. 比较不符合

E. 完全不符合

(3)在现实中我不会做的事在网络中我也不会做

A. 完全符合　B. 比较符合　C. 说不清　D. 比较不符合

E. 完全不符合

(4)我认为在网上发布假消息或不负责任的言论应该受到处罚

A. 完全符合　B. 比较符合　C. 说不清　D. 比较不符合

E. 完全不符合

(5)我经常使用社交媒体

A. 完全符合　B. 比较符合　C. 说不清　D. 比较不符合

E. 完全不符合

(6)我能通过网络学习新知识

A. 完全符合　B. 比较符合　C. 说不清　D. 比较不符合

E. 完全不符合

(7)我能通过网络认识新朋友

A. 完全符合　B. 比较符合　C. 说不清　D. 比较不符合

E. 完全不符合

(8)我在网上与陌生人聊天时,能识别他的真实意图

A. 完全符合　B. 比较符合　C. 说不清　D. 比较不符合

E. 完全不符合

(9)我对中奖信息保持警惕

A. 完全符合　　B. 比较符合　　C. 说不清　　D. 比较不符合

E. 完全不符合

(10)我会思考新闻背后的深层含义

A. 完全符合　　B. 比较符合　　C. 说不清　　D. 比较不符合

E. 完全不符合

(11)我会给电脑杀毒并注意网络信息安全

A. 完全符合　　B. 比较符合　　C. 说不清　　D. 比较不符合

E. 完全不符合

(12)我知道网上的信息是受到社会和个人因素影响的

A. 完全符合　　B. 比较符合　　C. 说不清　　D. 比较不符合

E. 完全不符合

(13)我同意网络世界也受法律约束

A. 完全符合　　B. 比较符合　　C. 说不清　　D. 比较不符合

E. 完全不符合

(14)我了解在网络上散布不良信息是触犯法律的

A. 完全符合　　B. 比较符合　　C. 说不清　　D. 比较不符合

E. 完全不符合

(15)我能对网上的热点问题进行独立判断

A. 完全符合　　B. 比较符合　　C. 说不清　　D. 比较不符合

E. 完全不符合

(16)我会利用网络准确搜索我所需要的社会、生活或学习信息

A.完全符合　B.比较符合　C.说不清　D.比较不符合

E.完全不符合

(17)我在发布或转发消息之前会先核实事情的真相

A.完全符合　B.比较符合　C.说不清　D.比较不符合

E.完全不符合

(18)我在网络世界能控制自己的脾气

A.完全符合　B.比较符合　C.说不清　D.比较不符合

E.完全不符合

(19)我能合理安排学习、生活和上网时间

A.完全符合　B.比较符合　C.说不清　D.比较不符合

E.完全不符合

(20)上网时我更喜欢学习新知识而不是玩游戏

A.完全符合　B.比较符合　C.说不清　D.比较不符合

E.完全不符合

—学习活动设计—

活动一　网络上流传着众多关于儿童的谣言,例如:“儿童喝饮料易导致白血病”“催熟的香蕉会导致儿童性早熟”“抗生素会让细菌产生耐药性,不要给儿童使用”等。这些谣言往往会引发家长和社会的恐慌,甚至误导家长,危害儿童健康。

找一找,你在日常生活中还听说过哪些与儿童有关的谣言,记下它,并且告诉你的父母,请他们不要再信谣传谣啦。

活动二　食品与健康类谣言是各类谣言中传播量最大的,请分辨下列说法哪些是谣言,哪些是真的。为什么?

1. 胖大的豆芽是用化肥发的,其中残留大量的氨,在细菌的作用下,会产生亚硝铵,大量食用会引起头昏、恶心、呕吐。

(真的)

2. 吃一包泡面需肝脏解毒32天。

(假的)

3. 未成熟的青西红柿含有毒性物质,食用这种还未成熟的青色西红柿,口腔有苦涩感,吃后可出现恶心、呕吐等中毒症状,生吃危险性更大。

（真的）

4. 地沟油在8摄氏度即凝结。将自家购买的食用油放进温度8度左右的冰箱，如凝结，即为地沟油。

（假的）

5. 电吹风辐射超级大，连续三次使用家用电吹风的辐射累积量等于医院照一次X光的辐射量。

（假的）

6.【注意！拍死正在吸血的蚊子可致人死亡】被打烂的蚊子尸体残骸可能进皮肤，从而引起真菌感染，甚至会导致死亡！

（假的）

参考文献

1. 勒莫．黑寡妇:谣言的示意及传播 [M]. 唐家龙,译．北京:商务印书馆,1999.

2. 刘建明．舆论传播 [M]. 北京:清华大学出版社,2000.

3. 卢因．群体生活的渠道 [M]. 北京:中国传媒大学出版社,2002.

4. 奥尔波特,等．谣言心理学 [M]. 刘水平,梁元元,黄鹂,译．沈阳:辽宁教育出版社,2003.

5. 诺伊鲍尔．谣言女神 [M]. 顾牧,译．北京:中信出版社,2004.

6. 卡普费雷．谣言:世界最古老的传媒 [M]. 郑若麟,译．上海:上海人民出版社,2008.

7. 桑斯坦．谣言 [M]. 刘宁,译．北京:中信出版社,2010.

8. 果壳 Guokr. com. 谣言粉碎机 [M]. 北京:新星出版社,2012.

9. 陈健．真相:信息超载时代如何知道该相信什么 [M]. 北京:中国人民大学出版社,2013.

10. 中共中央文献研究室．习近平总书记重要讲话文章选编

[M]. 北京:中央文献出版社,党建读物出版社,2016.

11. 中华全国新闻工作者协会 . 中国新闻事业发展报告:汉英对照 [R]. 北京:外文出版社,2016.

后　记

早在1933年，"媒介素养"这个概念就被英国学者提出，并得到了社会的认同。到20世纪80年代，媒介素养教育已经在欧美等国家的中小学、高等学院中普及开来，成为其课程体系的一部分，有了成熟而系统的教学体系。但"媒介素养"在中国还是个新兴的概念，"媒介素养教育"更像蹒跚学步的孩童。我们不但缺少完整的教学体系，也缺乏科学、系统的教材读本。因此，当宁波出版社将"青少年网络素养读本"的选题放在我们面前时，我对这套书便充满了期待。

到2016年，我国网络用户已达7.1亿，是毫无疑问的网络第一大国，网络用户中，青少年占了相当大的比例。青少年能否很好地识别、批判、使用媒介，抵抗不良信息，关系到青少年的心理与生理健康，更关系到国家的未来。

在网络中，既有新鲜的知识，又充斥着谣言。谣言涉及我们生活的方方面面，包括政治、军事、经济、社会安全、自然灾害、娱乐等。谣言中有真消息也有假消息。这些谣言有的是恶性谣言，会扰乱社会秩序，危害社会和个人的安全。怎样分辨哪些信息是谣言？哪些信息是恶性谣言？传播谣言需要承担什么法律后果？发现谣言怎样辟谣？这些都是青少年需要了解的。

希望本书能对青少年获取网络信息、分辨网络信息、合理使用媒介有所帮助。

林　婕

2017 年 6 月于珞珈山

图书在版编目（CIP）数据

网络谣言与真相 / 林婕著 .— 宁波：宁波出版社，2018.2（2020.7 重印）
（青少年网络素养读本 . 第 1 辑）
ISBN 978-7-5526-3087-9

Ⅰ . ①网 … Ⅱ . ①林 … Ⅲ . ①计算机网络—素质教育—青少年读物 Ⅳ . ① TP393-49

中国版本图书馆 CIP 数据核字（2017）第 264156 号

丛书策划　袁志坚
责任编辑　徐　飞
责任校对　尤佳敏　李　强
责任印制　陈　钰
封面设计　连鸿宾
插　　图　菜根谭设计
封面绘画　陈　燏

青少年网络素养读本 · 第 1 辑
网络谣言与真相
林　婕　著

出版发行　宁波出版社
　地　址　宁波市甬江大道 1 号宁波书城 8 号楼 6 楼　315040
　电　话　0574-87279895
　网　址　http://www.nbcbs.com
印　　刷　宁波白云印刷有限公司
开　　本　880 毫米 ×1230 毫米　1/32
印　　张　6.5　　插页　2
字　　数　140 千
版　　次　2018 年 2 月第 1 版
印　　次　2020 年 7 月第 4 次印刷
标准书号　ISBN 978-7-5526-3087-9
定　　价　25.00 元